REFERENCES FOR SOFT DECORATION FABRICS

软装布艺参考书

◎ 姜晓龙（色咖工作室） 编著

300
A Handbook of 300 Classic Fabric Patterns

种经典家居布样搭配手册

化学工业出版社
·北京·

图书在版编目（CIP）数据

软装布艺参考书：300种经典家居布样搭配手册／姜晓龙
编著．—北京：化学工业出版社，2020.3
　　ISBN 978-7-122-35678-9

　　Ⅰ.①软…　Ⅱ.①姜…　Ⅲ.①装饰织物－室内装饰设
计－手册　Ⅳ.①TU238.2-62②J525.1-62

中国版本图书馆CIP数据核字（2020）第022930号

责任编辑：孙梅戈　吕梦瑶　　　　　　　　装帧设计：黄放
责任校对：王素芹

出版发行：化学工业出版社（北京市东城区青年湖南街13号　邮政编码100011）
印　　装：北京宝隆世纪印刷有限公司
710mm×1000mm　1/16　印张20½　字数430千字　2020年4月北京第1版第1次印刷

购书咨询：010-64518888　售后服务：010-64518899
网　　址：http://www.cip.com.cn
凡购买本书，如有缺损质量问题，本社销售中心负责调换。

定　　价：128.00元

前言 PREFACE

一直以来我们都想去探究布艺的奥秘。因为在家居中它太常见、太普遍，又太过丰富。它不似家具的一板一眼，从材质到图案都变化无穷。它也不似涂料的生硬，丰富的色彩和良好的触感都有过之而无不及。每当我们想要塑造一个理想家园的时候，除了必要的装饰之外，如何使用布艺，为家居穿上梦想的新衣成了急需解决的问题。如今，市场上关于布艺搭配的图书少之又少，我们希望能为读者奉献一本家居的"穿衣指南"。在这本书中，我们引用了100个优秀的家居案例，通过分析案例中的布艺搭配，找出隐藏在图像背后的装饰规律和技巧。本书为大家总结出9种不同的布艺类别，300多块精美的布样。相信这本图书会为你打开一个全新的家居视野，从一个柔软的角度介入家居设计，领略布艺的魅力。

姜晓龙

2019.12

目录 CONTENTS

CHAPTER I NEW TRADITION
第一章　新传统

CHAPTER II
CLASSIFICATION OF FABRIC PATTERNS
第二章　布艺图案分类

CHAPTER III
100 CLASSICAL COLLOCATION OF FABRIC
第三章　经典布艺搭配 100 例

目录 CONTENTS

CHAPTER IV FABRIC SWATCHES
第四章　家居布艺索引

第一章 新传统

CHAPTER I
NEW TRADITION

传统既是历史的延伸，也是对文化精华的继承。布
艺除了众多的材质，图案也是五花八门。而通过
这些繁复的图案，我们可以看到时间流逝带来的改变。
过去美好的事物，通过时间的传递改变了原来的面貌，
让它更符合时代的审美，我们称之为时尚。今天，对于
传统的汲取和改变，已经在世界范围内展开，不论是东
方还是西方，历史的大门一旦被打开，里面的财宝便源
源不断地被设计师们用自己独特的手法和创意重新定义。
我们称之为新传统。

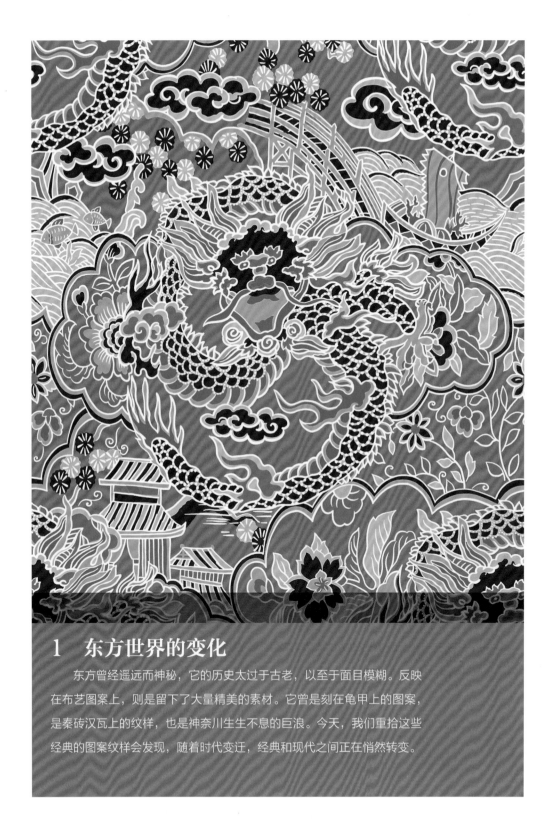

1　东方世界的变化

　　东方曾经遥远而神秘，它的历史太过于古老，以至于面目模糊。反映在布艺图案上，则是留下了大量精美的素材。它曾是刻在龟甲上的图案，是秦砖汉瓦上的纹样，也是神奈川生生不息的巨浪。今天，我们重拾这些经典的图案纹样会发现，随着时代变迁，经典和现代之间正在悄然转变。

●中国印象 *IMPRESSION OF CHINA*

在反映东方文化生活的图案中，中国的图案占据了很大比重。它既包含了传统的山水画与法式中国风的特色，也融合了现代的设计手法和大胆用色。

第一组 FIRST GROUP

经典 ┃ 禅宗花园

品牌：Fabrics and Papers

材质：亚麻、棉、尼龙

这个令人惊叹的设计，包含了一个美丽的、充满禅意的花园。亭台水榭掩映在郁郁葱葱的林木当中，小桥流水潺潺而过。图案中使用了蓝色与绿色的搭配，大胆而别致，宁静优雅中带着传统禅意的清幽意蕴。

现代 ┃ 南京

品牌：Schumacher

材质：亚麻

优雅的古典园林，以一种非常现代的笔触被刻画出来。生动形象的树木、曲折的镂空围栏、大小不一的亭台宝塔，用现代的手法将东方神韵表现出来。

经典 ┃ 南海故事

品牌：Thibaut

材质：亚麻、棉

经典的法式中国风图案，在绿松石颜色的背景下，愈发优雅且怀旧。它以精致的笔触，抒发着对自由生活的怀念。

现代 ┃ 乐活东方

品牌：Schumacher

材质：亚麻、棉

法式中国风的经典图案，在现代设计师的再创作下，得到了新的呈现。图画中的风景植物，笔触更加细致，细节更加生动。浓烈醒目的色彩用在了经典人物与动物身上，和环境形成鲜明对比，从而让传统中国风变得更加立体、现代和时尚。

第三组 THIRD GROUP

经典 ▎ 清迈龙

品牌：Schumacher

材质：亚麻

　　东方的龙形图案，灵感来自装饰艺术印花。形态逼真、栩栩如生的龙穿行于花丛当中，将东方图腾与吉祥雅致的自然环境巧妙融合，带来更为传统也更为时尚的图案造型。

现代 ▎ 穿云

品牌：Carleton V

材质：亚麻

　　大胆、鲜艳的色彩和现代的设计元素，让传统的龙形图案变得更加柔和与自然，极大地平衡了图案与织物间的关系。当它运用在法式中国风的空间时，给人带来强烈的亚洲风情；当它与竹藤家具搭配，混搭当代艺术品时，则带来时尚摩登的效果。

●日本风情 *JAPANESE STYLE*

　　自从日本在 19 世纪崛起，日本文化便开始在东西方流行起来。在新艺术运动时期，日本文化逐渐取代中国成为东方文化的代表。尤其是浮世绘风格的艺术，深受西方青睐。

经典 ┃ 珍珠河

品牌：Schumacher

材质：亚麻

　　这幅浮世绘风格的图案是由 Schumacher 公司于1918年创作的，闲适欢快的迷人风情超越了它所属的时代，今天仍然能让人感受到惊人的时尚与新鲜感。

现代 ┃ 京都花园

品牌：VOYAGE

材质：粘胶纤维、亚麻

　　漫步京都，仿佛置身田园诗般的东方园林之中。图案使用了富有表现力的现代绘画手法，简约且意境深远，体现了东方美学的独特视角。

●神秘印度 *MYSTERIOUS INDIA*

　　神奇的印度世界，曾经一度让西方误认为是中国大陆。作为东方世界古老文明的代表，它有着出众的绘画与雕塑、悠长的史诗以及影响深远的佛教，这些文化反应在布艺上，则显现出独特的魅力。

经典 ┃ 象园

品牌：Kravet

材质：亚麻、粘胶纤维

　　充满古典印度特色的宫殿建筑，用红色与黄色装饰；曲折的围栏看上去鲜明而可爱；装饰亮丽的大象在优雅的园林中徐徐穿行。大象曾经是印度皇室的坐骑，因此在图案中显得极为尊贵。

现代 ┃ 英迪拉花园

品牌：ILIV

材质：纯棉

　　这是一种充满现代印度民族风情的面料，图案中包含有大象、鸟类和鲜花。鲜花绽放，花枝妖媚，花朵诱人，小象漫步在花丛中，悠然快乐。

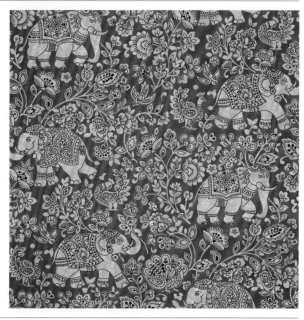

2 朱伊图案的田园风

朱伊图案（Toile de Jouy）源于18世纪晚期的法国，是法国传统印花布的图案。它以人物、动物、植物、器物等构成田园风光、劳动场景、神话传说等连续循环图案，具有浮雕效果。色调以单色为主，最常用的有深蓝色、深红色、深绿色、米色等。

经典 ┃ 朱伊花园

品牌：Lee Jofa

材质：亚麻、棉

　　每一幅朱伊图案都讲述了一个故事，而其中更多是偏向田园生活，还有当时的重大事件。这里的图案内容则描述了西方视野中的东方世界，熟悉而有些陌生的尖顶凉亭，开着圆窗的楼阁，以及徜徉其中的东方居民，场景优雅而安逸。

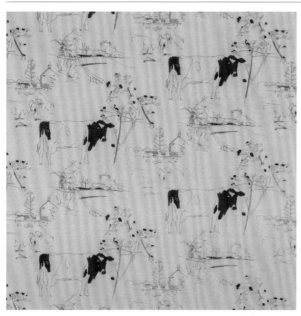

现代 ┃ 乡村情调

品牌：F&P Interiors

材质：亚麻、棉

　　这是一款来自F&P Interiors的天然亚麻面料，采用了墨水插图的方式，描绘出一派有趣的托勒（Toile）风情，有可爱的奶牛、绵羊的背影和遥远的农舍。这款令人愉悦的面料适用于家庭窗帘和软包家具。

经典 | 狩猎场

品牌：Bel Évent

材质：亚麻

　　来自Bel Évent的这款色调优雅的亚麻布料，以最纯粹的法国传统工艺制造，描绘了一幅山地狩猎的田园景象——绅士们骑着马，带着猎狗追逐着猎物。

现代 | 狩猎场

品牌：Bel Évent

材质：亚麻

　　同样是狩猎场的场景，却因为用色的不同而展现出完全不一样的意境。这里打破了传统蓝色调的朱伊图案，通过加入黄色，形成色彩上的互补，从而使画面更加生动和现代。

经典 ┃ 航海运动

品牌：Schumacher

材质：纯棉

这是一幅罕见的19世纪的朱伊图案，手工雕刻的纹路渲染充分体现在画布上。它捕捉到了朱伊图案的永恒魅力，同时创作出一个大胆、迷人的生活场景，再现了欧洲航海时代的风貌。

现代 ┃ 蒙古乡村

品牌：Thibaut

材质：纯棉

这款纯棉布样，描绘了蒙古这个神秘而又让人向往的内陆国家的田野和乡村生活。简单的色调却包含了丰富的生活场景，生动的细节刻画让人印象深刻。

3 伊卡特的异域风情

　　伊卡特（Ikat）是东南亚最古老的纺织品之一。它经由活跃在东南亚的荷兰贸易商、西班牙探险家以及丝绸之路上的旅行者传到欧洲。西方文化已经拥抱了几个世纪的伊卡特，他们喜欢伊卡特的异国情调。路易十五的情妇蓬巴杜夫人非常喜欢这种类型的面料，它有时又被称为蓬巴杜塔夫绸。

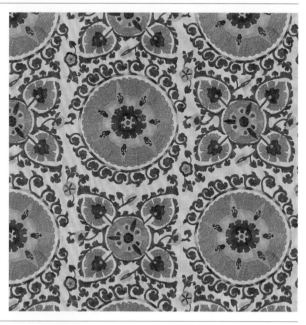

经典 ┃ 卡特琳娜

品牌：Lee Jofa

材质：亚麻、化纤

这款来自 Lee Jofa 的新面料通过精致的刺绣，展现了伊卡特所拥有的郁郁葱葱的异国情调，同时也体现了设计者把图案与文化特征融为一体的高超技巧。

现代 ┃ 西格尼

品牌：Quadrille

材质：棉、亚麻

这款醒目的伊卡特图案来自 Quadrille 的棉麻布料。白底明黄色的抽象图案，既像绽开的花蕊，又像辐射的光线，充满了张扬的个性和艺术感。

4 优雅的生命树

　　生命之树在世界各地的神话中广泛存在，它起源于17世纪和18世纪的英格兰，通常用作窗帘、床幔和帷幔。它具有密集的叶子和枝干，通常还绘有印度和中国风格的图案，这些图案经过艺术加工，特别是几何填充之后，更加优雅纤细。

经典 ┃ 伊甸园

品牌：Chelsea Textiles

材质：亚麻、棉

　　这款精美的生命树图案取自18世纪初的英式床幔设计，采用风格化的生命树图案，展示异国情调的鸟类、水果、花朵和叶子。

现代 ┃ 洛克比森林

品牌：Chelsea Textiles

材质：亚麻、棉

　　这款来自遥远的17世纪的英国生命树图案，被赋予了新的生命。设计师异想天开地在白色棉麻布料上，利用刺绣重新进行了现代的诠释。

5 美妙的植物花卉

花卉图案在家居布艺上使用得最为频繁，它千姿百态、色彩万千。而经典与现代的区别，更多的是体现了时代的不同以及审美的变化。17~18世纪是对自然科学和植物学的伟大探索时代。许多书籍都配有详细的植物图，这些书籍后来成为布艺图案设计的源头。

经典 ┃ 蜀葵

品牌：Schumacher

材质：纯棉

    这款Schumacher的纯棉布艺，采用了古典的蜀葵图案，色调柔和、画风简练，细节处彰显着优雅的自然气息。

现代 ┃ 蜀葵

品牌：Bennison

材质：亚麻、棉

    这是来自Bennison的一款蜀葵图案，与经典图案大相径庭。它采用更为写实的手法，加入鲜艳、浓烈的色彩，可以起到烘托气氛的作用。

6 时尚千鸟格

千鸟格最早起源于苏格兰的羊毛织布。它曾被称作"犬牙花纹"和"鸡爪纹"。仔细观察会发现它是由许多小鸟形状组成的，所以称为千鸟格。最早让千鸟格登上时尚舞台，并坐上了时尚头把交椅的是Christian Dior。1948年，Dior先生将优化组合后的犬牙花纹用在了香水的包装盒上，并给了它一个足以流芳百世的好名字——千鸟格。

经典 ┃ 梦幻千鸟格

品牌：拉夫劳伦

成分：棉、化纤

　　这是一款来自拉夫劳伦的传统千鸟格图案。细小的图案采用了棉质编织，延续了经典的黑白色彩。

现代 ┃ 圣马克

品牌：Schumacher

成分：亚麻、棉

　　这款来自Schumacher的格纹布艺，其灵感源于知名建筑师弗兰克·劳埃德·赖特的原始图纸。这款格纹图案既具有建筑的特征，又是对千鸟格的抽象表达。

7 植物群落和动物群落

从大自然中获取灵感，植物群落和动物群落为设计师提供了一系列花卉、昆虫、鸟类等的组合。这些具有异国情调和自然主义的花卉和动物图案，看似孤立地出现在画面上，但是通常它们又遥相呼应，这是典型的18世纪的设计。

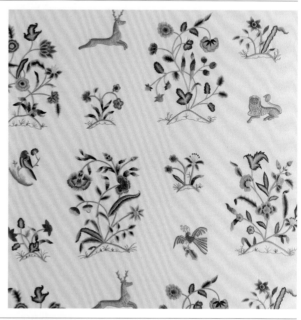

经典 ┃ 鹿园

品牌：Chelsea Textiles

成分：亚麻、棉

这是一款经典的手工刺绣布料。动物、植物、鸟类等图案通过刺绣生动地展现在布料上，色调柔和，神态栩栩如生。

现代 ┃ 吉卜林

品牌：Lulu DK

材质：亚麻

这是一款 Lulu DK 的打印图案，它以版画的线条形式将动物和植物放在同一画面中，并且赋予其灵动的色彩，充满了强烈的艺术感。

8 奢华锦缎

锦缎面料更多地用于古典主义风格的空间中，体现出奢华和时尚感。而锦缎上的图案大多采用了古典宫廷图案，显得高贵和优雅。当然，现代的锦缎面料上，图案已经发生了巨大变化，即便是为了体现奢华感，也经常是特立独行的。

经典 ┃ 孔雀花园

品牌：Schumacher

材质：丝

奢华的金色大马士革图案，采用了真丝面料，流动的光泽，顺滑的手感，充满了宫廷的贵族气息。

现代 ┃ 阿巴扎

品牌：Schumacher

材质：丝、棉

这是一款Schumacher的锦缎面料，它的图案相比大马士革花纹更具有民族精神，充满了波西米亚的粗犷不羁和轻松自由的态度。

第二章　布艺图案分类

第二章
布艺图案分类

CHAPTER II
CLASSIFICATION OF
FABRIC PATTERNS

布艺图案犹如一道洪流，离它的源头越远，膨胀得越大。从最早刻在岩石上的寥寥数笔、言语不详的壁画，到如今科学文化的发展，让图案与材质千姿百态、不拘一格。而我们在梳理和使用这些布艺的时候，力图从个性中寻找共性，将繁杂的图案形态进行整理归类，便于理解布艺在家居中运用的规律，理解图案之间的搭配关系，从而掌握布艺搭配的知识和技巧。

1　花卉植物图案

　　花卉植物图案总是人们的挚爱，人们爱它们的锦绣色彩，爱它们的妩媚腰身，更爱通过它们传情达意。花卉植物图案寄托着人们对美的追求。在任何家居设计中都可以使用花卉植物的图案，它们可以塑造充满自然田园气息的空间格调，也可以化身为时尚前卫的代表。百变的特性决定了它们总能在生活中为你带来惊喜。

勿忘我

品牌：Chelsea Textiles

材质：亚麻、棉

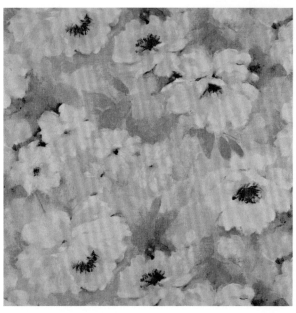

瓦雷泽花卉

品牌：Kravet

材质：亚麻

2 佩斯利纹

它像腰果、像火腿，更像泪滴。它有一个动人的名字叫佩斯利（Paisley）。它起源于古老的印度，却风靡于时尚的欧洲。当苏格兰的工匠们将这种涡纹旋花图案制成美妙的织物时，佩斯利得以风靡世界。它既有严谨的规律性，又充满自由灵动的活力。它在家居中的运用更多地体现在奢华的古典风、随性的波西米亚风中，有时也会出现在现代时尚的空间中，惊鸿一瞥，让人难忘。

拉贾布尔

品牌：Lee Jofa

材质：棉、化纤

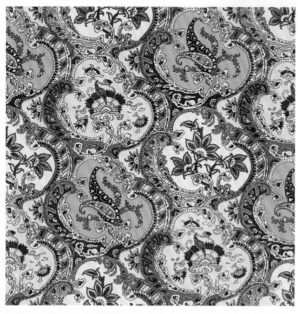

皮克费尔佩斯利

品牌：Schumacher

材质：亚麻

3 动物图案

　　有花卉植物的世界总少不了鸟兽、昆虫的身影。单纯的动物图案在家居中出现得并不频繁，而是经常与花卉植物相结合带来一派和谐、悠闲的自然景象。它的趣味是先声夺人，用夸张的手法带来惊艳的效果，或者画龙点睛，成为家居中最后一道亮丽的风景线。

山丘

品牌：Schumacher

材质：亚麻

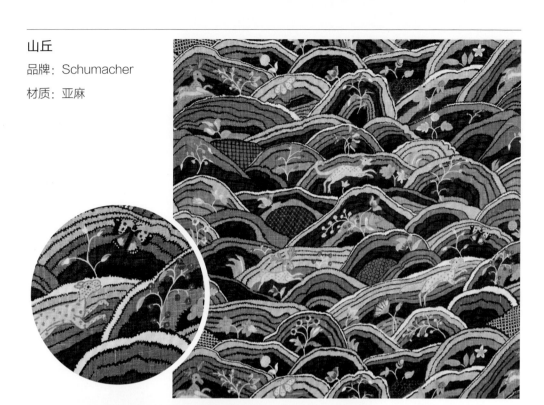

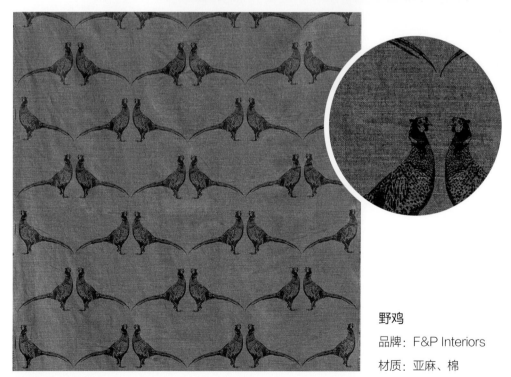

野鸡

品牌：F&P Interiors

材质：亚麻、棉

4 风景图案

    每一件风景图案的布艺都应该是艺术品。它们可以是艺术家的精心创作，也可以是对于历史素材的挖掘。这些精彩绝伦的作品，每每看到都让人心潮澎湃。这样的图案，任何人都忍不住要用在家居中，它们的使用往往更具有目的性，适合打造戏剧化主题。在概念先行的情况下，它们可以很好地帮助你实现自己的家居梦想。

天堂花园

品牌：Bailey & Griffin

材质：亚麻

中国之行

品牌：Cowtan & Tout

材质：纯棉

5　格纹

当你需要一种温暖、舒适又有些异国情调的感觉时，格纹无疑是最好的选择。无论是博柏利（Burberry）标志性的浅棕底色加上白、黑、红线条的格子，还是雅格狮丹（Aquascutum）的黑、棕、黄三色的均粗线条组合格子，格纹已经成为这些"贵族品牌"的身份识别码。多变的颜色，保留着传统的精致与现代的时尚。各异的纹理，彰显着技艺的精湛与构思的大胆。岁月流转，不求闻达，却无人不晓。

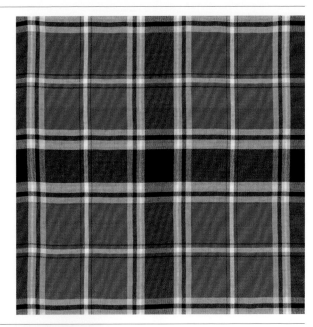

亚历山大格子呢

品牌：Schumacher

材质：亚麻、羊绒

友禅

品牌：Brunschwig & Fils

材质：亚麻

6 条纹

条纹在家居中的应用非常广泛。蓝白条纹的清爽、红白条纹的热情，将自由洒脱、知性优雅展现得淋漓尽致。而细密的条纹可以在视觉上将褶皱放大，使其柔软、温暖。粗放的条纹则让空间充满了秩序感。条纹图案的多样性使其成为布艺图案中的永恒时尚元素，从淳朴的乡村风情到时尚的都市，都可以见到它的身影。

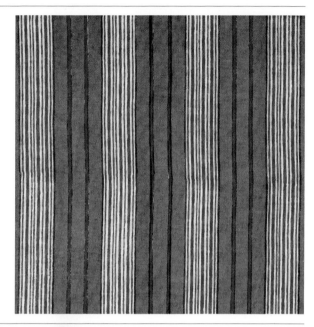

红蓝条纹

品牌：John Robshaw

材质：亚麻

布兰卡条纹

品牌：Lynn Chalk

材质：纯棉

7 几何抽象图案

经典的几何布艺一直是打造现代家居美学的首选元素，具有规律的图案与丰富的线条变化，不仅彰显时尚气韵，还能为空间带来沉静优雅的气质。在营造现代、时尚甚至艺术化的空间中，几何抽象图案展现了巨大的魅力。

范德堡几何纹

品牌：Schumacher

材质：天鹅绒

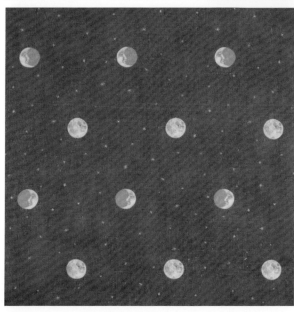

夜空穿越

品牌：Andrew Martin

材质：亚麻

8 动物纹

动物纹在家居中的应用更多为点缀，有时为了表达自然的野性，有时则为了表现奢华感。动物纹经常与天鹅绒、丝绸这些面料结合，体现出高贵的感觉，而动物纹本身的可爱、性感经常是家居中的点睛之笔。

老虎纹

品牌：Schumacher

材质：亚麻

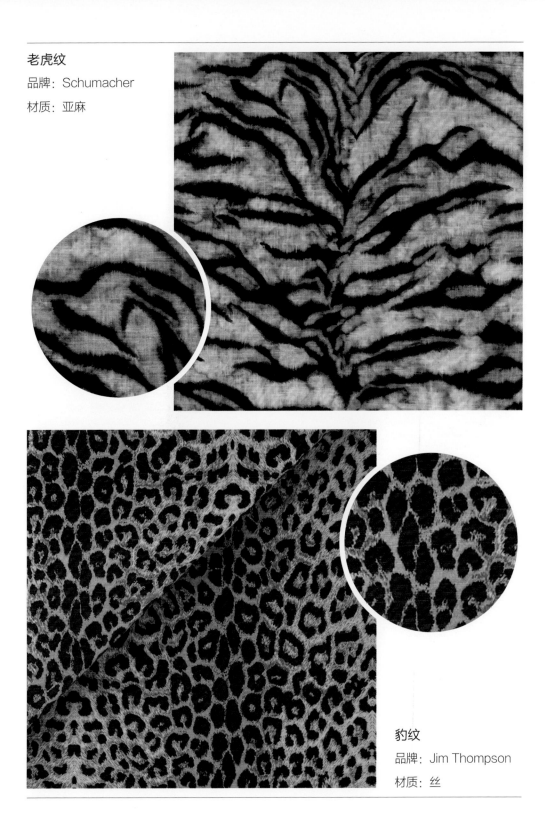

豹纹

品牌：Jim Thompson

材质：丝

9 素色暗纹

　　素色暗纹是家居中最为常见的布艺，它通过自身的色彩和材质对空间施加影响。它或者与环境融为一体，起到衬托作用，或者醒目耀眼，成为瞩目的焦点，以此增加空间的层次感和质感。

紫红色

品牌：Cowtan & Tout

材质：亚麻

亮白色

品牌：Dedar

材质：化纤

第三章
经典布艺搭配100例

CHAPTER III
100 CLASSICAL
COLLOCATION OF FABRIC

家的样子，既是头脑中的想象也是现实中那些让人赞叹的设计。塑造一个完美的家，不仅需要优秀的方案，还需要实现的手段，而布艺是家居设计中不可或缺的元素。在本章节，我们精选了100个精彩的家居案例，将其分为7种常见的家居风格。通过风格划分，你会看到每一种风格以及每一个案例背后的布艺搭配，你会深刻感受到布艺的真正魅力所在。

1 海洋风情

辽阔的海洋与蔚蓝的星空是远方的梦想。也许是波涛汹涌的怒海，让人感受到大自然的雄伟和人类的渺小，也许是旖旎浪漫的海湾，身在其中可以感受到造物的恩赐。海洋带给我们无限遐想，带给我们诗与远方，让我们在纯净与浪漫中扬帆起航。

南海故事

珊瑚情话

海上花

海上花园

爱琴海

岸芷汀兰

天空牧场

大航海时代

漂流部落

瀚海潮声

那不勒斯情话

南海故事 *South Sea Tale*

　　打造雅致的客厅空间时，高明度的色调未尝不可尝试。只需注意色调协调便可带来优雅韵味。这套客厅配色以明度极高的蒂芙尼蓝为主色调，搭配粉丁香色和亮白色，达到视觉上的协调，最容易带来清新、自然的海洋风情。在布艺搭配上，选择了极具文化感的法式中国风图案搭配几何图案，既有法式风情，又有东方韵味，再现东方文化中穿越万里江海的壮观场景。

南海故事

品牌：Thibaut

材质：亚麻、棉

　　经典的法式中国风图案，在绿松石色的背景下，愈发优雅且怀旧。它以精致的笔触，抒发着对自由生活的怀念。在空间中该布艺得到了大面积使用，在蒂芙尼蓝背景的衬托下，愈发灵动自然，强化了空间主题。

女王钥匙

品牌：Thibaut

材质：化纤、棉

　　怀旧而大胆的度假系列图案，非常适合用于塑造海洋风情的家居空间。粉丁香色的菱形图案精致、优雅，适合小面积使用。

摩洛哥纹

品牌：Thibaut

材质：亚麻、化纤

　　摩洛哥纹充满了异域风情，而摩洛哥风格中白色运用得非常普遍，将这种白色运用到海洋风情中是非常精妙的。在白色亚麻布上刺绣出飘逸的摩洛哥纹，为窗帘注入优雅情调，而应用在靠包上则与蒂芙尼蓝相呼应。

珊瑚情话 *Coral Whispers*

来自海底红珊瑚的珊瑚色，黄中带红的色相使得它比红色多了几分温柔与明快。甜蜜柔美的色彩与白色背景结合，显得清爽通透，充满着浓浓的海洋风情。在客厅的布艺装饰中引入了海洋风情的元素。加入具有海岛风情的伊卡特图案布艺来装饰沙发，而图案使用珊瑚色，营造热带小屋的氛围。

棕榈滩

品牌：Schumacher

材质：亚麻、化纤

海洋风情最好使用清爽且光线充足的亮白色背景布料，而上面的图案可采用热情的珊瑚色，沙发采用了海岛风情的伊卡特图案，营造出热带小屋的氛围，优雅中带着浓郁的民族风情。

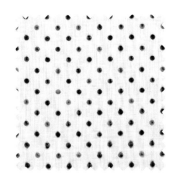

波点

品牌：Kravet

材质：亚麻、化纤、棉

作为点缀空间的角色，靠包采用了带有波点图案的布艺，通过精美的刺绣，将不同色彩的波点呈现在布样上，强化触感和视觉感受，进一步丰富了空间视觉和质感。

珊瑚色

品牌：Brunschwig & Fils

材质：化纤

海洋风情尝试用颜色较少的布艺。本案例中主要使用珊瑚色作为布艺的主题色彩，运用于窗帘、靠包以及单人沙发上。与伊卡特图案的沙发形成色彩上的一致和图案上的互补，为空间带来灵动和清澈的感觉。

海上花 *Flower on the Sea*

在女孩的卧室里，设计师使用Designers Guild的花卉图案布艺作为床幔，在蓝色背景的环绕下，勾勒出一个公主的幻想世界。蓝色与白色的背景搭配带来了海洋的气息。而绽放的花卉图案，如同海中漂荡的花园，在纯净的世界中，默默喧嚣。

塞拉菲娜

品牌：Designers Guild

材质：亚麻

在亚麻布上打印了古典的花卉图案，其手绘线条流畅、画风柔和，可用于儿童的床篷、床幔上。亚麻布的触感和极好的垂感，都让这种复古气息更纯粹、雅致。

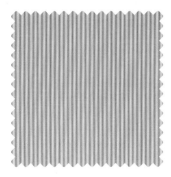

皮平条纹

品牌：Cowtan & Tout

材质：纯棉

经典的细小条纹搭配柔和的粉色用于单人沙发，让空间更为柔软、舒适，也打破了单色背景和繁复花卉的格局，让空间形态更为丰富。

雨云

品牌：Scalamandré

材质：丝

蓝色海洋，繁花盛开，阳光明媚，而灰蓝色的罗马帘宛若空中飘过的一片雨云，飘落千万条细细雨丝，清爽而充满诗意。

海上花园 *Marine Garden*

　　花开四季，出于海上；春色浪漫，满室花香；临窗眺望海上，碧波浩渺，与室内的蓝色基调相映成趣。高贵的孔雀蓝色墙面与风景布艺结合，在点点绿意的掩映中，流露着无懈可击的优雅品位，再配合温暖黄色窗帘带来的轻柔触感，享受生活的惬意与美妙。

忘忧湖

品牌：Brunschwig & Fils

材质：亚麻

　　沙发图案是欧洲传统的朱伊图案，加入了部分东方世界的内容，尽显自然生活的惬意和舒适。

纳瓦霍黄

品牌：Kravet

材质：亚麻

　　这种迷人而简单的淡黄色，非常适合在阳光充足的房间中使用，与空间中的所有白色形成鲜明对比的同时，充满光线和温馨感。

灰蓝色

品牌：Kravet

材质：纯棉

　　蓝色是海洋风情的重要元素，它为空间带来了清凉感及优雅气质。空间的墙面采用了高雅、清冷的孔雀蓝，灰蓝色布艺制成的沙发靠包作为点缀与环境颜色呼应。

虎皮纹

品牌：Brunschwig & Fils

材质：丝绒

　　这款虎皮纹的丝绒靠包因其充满野性的图案而为空间增添了奢华感，同时也为相对大面积单色的布艺增添了变化，丝绒的良好触感也给人带来了愉悦感受。

爱琴海 *The Aegean*

波涛澎湃的爱琴海是欧洲文明的摇篮，也是浪漫旅程的象征。在蔚蓝的海面上，船只在白色的城市旁边扬帆待行，令人想起了阿伽门农的舰队。远眺是伯罗奔尼撒半岛，岛上点缀着青翠的柠檬树和橄榄树，葱茏中掩映着清晰、明亮的白色屋顶。在这里，设计师选用浅绿色为基础色，搭配蓝白色调，以唤起空间中的海洋情调，并为房间注入能量。

苏丹

品牌：Quadrille

材质：亚麻

设计师的设计起点是活泼、优雅的窗帘面料，当然该面料也用来装饰两个单人沙发。面料使用的是Quadrille的中国海系列，绿松石色与白色构成了生动、活泼的生活画卷，而且面料包含了室内配色中的每一种颜色，与空间形成了很好的呼应。

珊瑚

品牌：Schumacher

材质：亚麻、化纤

空间中的单椅坐垫引人注目，在亚麻材质的布料上，绣有奇幻的珊瑚图案。图案采用普鲁士蓝的色彩，蓝白配色以及珊瑚图案进一步强化了空间的海洋情调。

深牛仔蓝

品牌：Schumacher

材质：亚麻

蓝色和白色虽然经典又清新，但当有另一种颜色来补充和提高亮度的时候感觉更好。因此，空间采用了浅绿色的墙面色彩，Schumacher的深牛仔蓝亚麻布装饰的多人沙发与对面饰有风景图案的单人沙发形成了很好的互补。

岸芷汀兰 *Orchids on the Shore*

　　寂寞沙洲，海风吹荡，花草自在生长，阳光与海洋环抱，心事诉于风花雪月。这样的海洋风情有些许辽阔，些许寂寞。素雅的色彩融合了窗外的阳光，Cowtan & Tout的花卉布艺在海风中摇曳、绽放。

朗本之花

品牌：Cowtan & Tout

材质：亚麻、尼龙

在古典的博韦地毯上，Cowtan & Tout 的花卉正在悠悠绽放，清新的绿色在海洋的环抱下更加生机盎然，素雅的空间色彩搭配着素雅的花卉沙发，显得轻松而悠然。

基础格纹

品牌：Kravet

材质：纯棉

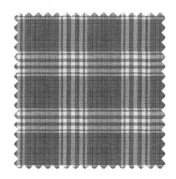

空间扶手椅采用了复古设计，并用竹藤做框架，而包布选择了 Kravet 的经典格纹图案，灰色调显得古典而绅士，它与博韦的橡树叶地毯形成完美呼应。

条纹

品牌：Lee Jofa

材质：聚酯纤维

淡淡的清雅绿色带来了清凉，窗帘使用了 Lee Jofa 的条纹图案，现代时尚，略带通透感，外面的部分光线可以照射进来，带来更好的光影效果。

银色

品牌：Holland & Sherry

材质：羊毛

空间使用了中性色加绿色的搭配方式，主体沙发使用了银灰色，使空间时尚而简约，充满现代气息。羊毛的质感加深了整个空间与古典氛围的融合。

天空牧场 *Sky Ranch*

云上的世界一片蔚蓝，清新如洗，如同卧室里柔和、纯净的婴儿蓝墙面。海洋风情传统的蓝白配色，在这里显得愈加温柔优雅，吐气如兰。而令人更加惊艳的是田园风情布艺的使用，其活泼生动的样式为静谧的海洋风带来了更多趣味。

田园牧歌

品牌：Thibaut

材质：亚麻、棉

　　充满趣味的蓝白配色田园风情布艺，不似传统的田园风色彩丰富，蓝白配色更趋于安静。将其运用在海洋风情的家居中，作为点缀可以完美地融合进蓝白色调的空间中，并能通过动感的图案为空间增添活泼元素。

星海

品牌：Thibaut

材质：亚麻、棉

　　整齐排列的蓝色菱形图案，通过色差呈现出一列列深浅相间的线条。这款棉麻材质的布艺被用于窗帘，不论是平开帘还是罗马帘，都如同夜空的点点繁星，秩序井然又活泼可爱，与浩瀚的海洋风情遥相呼应。

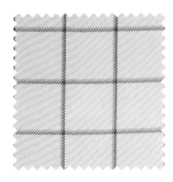

井格

品牌：Sarah Richardson

材质：纯棉

　　作为空间中的趣味点缀，格纹图案有时会显得更有秩序感，也更时尚。在这个案例中，格纹图案被运用在靠包上，通过蓝色的格纹增添空间的现代气息，也与其他图案风格迥异，丰富了视觉感受。

白鹭色

品牌：Dedar

材质：天鹅绒

　　充满诗意的空间与古典底蕴融合，优雅的白鹭色床幔慵懒地垂在床头两侧，淡淡的黄色温馨却又高贵，天鹅绒的质地垂感极佳，触感舒适。

大航海时代 *The Golden Age of Sail*

浪漫的梦想是星辰，是大海。在浩瀚的海洋上，在蓝天的怀抱中，做一只迎风破浪的船，驶向梦想的彼岸。在航海主题的空间里使用蓝色背景搭配格纹布艺，蓝白的配色让人很容易联想到海洋风情。而黄麻地毯和编织的扶手椅则采用法国20世纪40年代的风格，淳朴中透露着优雅。

鸭绒格子

品牌：拉夫劳伦

材质：亚麻、棉

　　拉夫劳伦的天蓝色格纹布包裹着沙发，有些老式，有些怀旧，它既与蓝色的背景墙呼应，又能通过格纹的丰富变化让视觉更具有层次感。

藏蓝

品牌：Kravet

材质：亚麻

　　在海洋风情的空间中，蓝色与白色是经典的主题配色。在这个案例中，墙面大面积使用了蓝色，因此在布艺上，蓝色的比例很小，两个点缀性质的靠包采用了Kravet的亚麻布艺，让空间显得活泼灵动。

冬日白

品牌：Romo

材质：化纤、亚麻

　　与蓝色墙面搭配，突出海洋风情，多人沙发使用了Romo的冬日白布艺，看起来纯净、舒适。在蓝色的环抱中加入白色，很好地烘托了空间主题。

漂流部落 *Drifting Tribe*

　　卧室设计借助现代几何元素与伊卡特的混搭，体现了时尚美学。蓝色与橙色的撞色对比将白色空间的沉静打破，动静结合中增强视觉张力。神秘古老的伊卡特图案中融入海洋风情的蓝白配色，仿佛寓居海上的游民部落，奇幻而深邃。蓝白色的清雅中融合橙色的热情与活力，强烈的色泽差异构成了空间的视觉重心。

圣托里尼

品牌：Schumacher

材质：化纤

　　圣托里尼拥有丰富的连锁曲线，使用橙色来表现，其醒目的风格大胆、张扬。几何图案印在化纤材质上，使其成为室内装饰和烘托气氛的绝佳选择。

哈萨克

品牌：Quadrille

材质：丝

　　来自Quadrille的奇幻图案，具有丰富的颜色搭配。用于海洋风情的空间时，采用了蓝白配色。它既可以作为靠包点缀（使用丝绸面料，增加它的光泽和雅致的视觉感受），又可以作为窗帘、沙发包布，为你呈现惊艳的视觉效果。

瀚海潮声 *Tide of Voices*

临海而居，落地窗如瀑布直下；放眼窗外，烟波浩渺；夜阑卧听潮声起起伏伏。那一刻，人与自然融为一体，心与世界同步跳动。白色的墙面、浅灰蓝的沙发、浅色条纹的罗马帘。这样的空间没有耀眼的色彩，一切都低调到尘埃里。然而，低调中通过布艺的材质透出优雅与品位，亚麻窗帘搭配极具纹理的包布沙发，而沙发上散落的比斯开湾蓝的靠包，如同沙滩上遗失的宝石，熠熠生辉。

浅细条纹

品牌：C & C Milano

材质：亚麻

C & C Milano的蓝白浅细条纹罗马帘可以遮挡玻璃窗外的大片阳光，从而使照射进来的光线变得十分柔和。

浅灰蓝

品牌：Cowtan & Tout

材质：化纤

室内的沙发包布进行了低调处理，使用浅灰蓝色的化纤面料。其重点放在了突显材质质感上，貌似粗糙的纹理，其实大大加强了视觉的立体感受和触觉感受，进一步提升了空间品位。

比斯开湾蓝

品牌：Osborne & Little

材质：纯棉

在以白色和灰色为基础色调的空间中打造海洋风情，总是不能缺少蓝色。而简约、低调的设计中，应尽量减少蓝色的面积。最终，它以点缀色的形式出现。这里使用了更为新鲜和明亮的比斯开湾蓝的纯棉布艺，既醒目又具有良好的品质感。

那不勒斯情话 *Sweet Talks in Naples*

那不勒斯的海岸边，曾经破败的渔村已经被时尚的餐馆和豪华商店所取代。而在这个充满现代气息的世界里却有一处住宅，它以奢华的方式重温逝去的浪漫时光。房间中使用了丰富的蓝色和金色——这恰是地中海沿岸的色彩。这里有着18世纪的古典家具和优美的那不勒斯海景，当微风拂过，半透明的亚麻窗帘随风飞舞，让阳光照射在蓝色大马士革图案锦缎覆盖的墙壁上。

深青色

品牌：Osborne & Little

材质：天鹅绒

在蓝色大马士革图案的锦缎墙面的包围下，一切都被阳光和海洋的气息所笼罩。充足的光线让一切颜色都在融化，而深青色天鹅绒包裹的沙发却依旧深沉而优雅，它与白色亚麻窗帘形成了完美的搭配，轻薄与厚重、素雅与纯净，宛如唱给爱人的抒情诗。

冰咖啡色

品牌：Osborne & Little

材质：天鹅绒

与深青色单人沙发相对的是用冰咖啡色天鹅绒包裹的多人沙发，它少了轻盈却多了成熟与稳重，与古典的陈设设计相匹配，彰显着这个房间曾经的奢华与荣光。

亮白色

品牌：Kravet

材质：亚麻

半透明的亮白色窗帘使用了亚麻材质，纯净、轻盈。它是阳光与风的迎接者，是海洋气息的引路人。它敞开自己，吸纳着充沛的阳光和清新的海风，使其缓缓地穿过厅堂、穿过时光，回到曾经的优雅岁月。

2　田园时光

　　我们生于自然，长于自然，最终叶落归根埋葬于自然。我们与自然的联系是钢筋水泥无法隔断的，是奔波劳苦也无法磨灭的本能。自然是我们儿时的摇篮，让我们在其中安睡；是我们成年时的伴侣，走遍千山万水，只想一睹其美妙的容颜；它还是我们晚年时的归宿，看过人生百态，尝尽酸甜苦辣，最后感慨一声，自然啊，我回来了。

温室花朵　　　　　托斯卡纳记忆

热带丛林　　　　　梦里花开

榕树下　　　　　　欧洲老时光

波斯午后　　　　　生命之舞

中亚田园　　　　　花园迷宫

春色如梦　　　　　绿野仙踪

山居岁月　　　　　仲夏夜之梦

波点太后的童话屋　百草园

花园下午茶　　　　青花物语

椰林晚风　　　　　草原季风

闲中花鸟　　　　　浪漫年代

温室花朵 *Hothouse Flowers*

我们对于厨房的设计往往存在误区，以为设计了空间结构，配置了家具后就万事大吉。其实不然，高品质生活更注重细节的展现，大量布艺的运用让厨房空间惹人注目。在下面的案例中，设计师不仅将植物花卉与经典格纹搭配得相得益彰，还在线条的延展中将空间打造得清雅自然。

温室花朵

品牌：Schumacher

材质：亚麻

爱马仕橙色的植物花卉窗帘在暖色调的空间中显得尤为温暖，尤其是罗马帘，更显田园气息。橙色的鲜亮与悦动在绿色的蔓延与中和下显得亲切感十足，贴合自然的色调，打造出清新的田园氛围。

棋盘格

品牌：Scalamandré

材质：纯棉

Scalamandré 的棋盘格图案，采用了中国红格纹，可用于沙发和靠包。其经典的图案适合打造田园氛围，可以令厨房更加美观，还可在细节上打造高雅格调。

热带丛林 *Jungle*

　　这里四季温暖、花卉盛开、草木旺盛，而且这里的阳光更加温暖充沛。因为空间的墙壁上使用了亮绿色涂料，增加了空间的亮度，所以将左右木作涂成白色稍加中和。从色彩上看，空间用色很大胆，但实际上空间给人的感觉非常放松，因为它的配色仅为绿色和白色，添加其他的任何颜色都会让空间显得刺眼。在布艺上，除了材质的舒适感，图案运用也很节制，古典的蕨类植物搭配古典的格纹布艺使空间更加优雅。

蕨类植物

品牌：Brunschwig & Fils

材质：棉、亚麻

来自 Brunschwig & Fils 的蕨类植物采用古典的笔触，将古老的蕨类植物刻画得优雅而生动。它用于沙发和靠包上，和来自 Jack Walsh Carpets 的地毯形成良好的呼应，强化了空间的田园属性。

蒙特雷

品牌：Brunschwig & Fils

材质：化纤、棉、亚麻

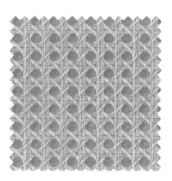

在两张 Baker Slipper 沙发的包布上使用了 Brunschwig & Fils 的蒙特雷，它的编织纹理具有更好的触感，而几何图案更显现代和立体。

灰绿色

品牌：Kravet

材质：丝绒

空间中的多人沙发采用灰绿色的丝绒面料进行装饰，丝绒光滑、柔顺的触感相当出色。在田园风情的空间中使用时，在优雅之余还具有低调奢华的效果，较一般理解的田园风情更为时尚。

榕树下 *Under the Banyan Tree*

一段青春印记汇聚于榕树下，是激情燃烧的狂飙岁月，其中有喜悦、兴奋，也有失望、悲伤。而走出时光的隧道，一切归于平静，再看曾经喧嚣的榕树下，寂寥无人，只有阴天暗淡的光线与蜿蜒的枝蔓相伴。成长让人平静，也让人遗憾。

青藤

品牌：Bennison

材质：亚麻

单人沙发和靠包采用Bennison的青藤图案布艺装饰，绒线刺绣的图案细致入微。古典妖娆、含苞待放的花朵和伸展舞动的枝叶都刻画着生命的韵律，一如青春绽放时的勃勃生机。

冬日白

品牌：Lee Jofa

材质：化纤

沙发采用素雅的冬日白，与空间环境颜色一致，化纤的材质耐用且具有很好的触感。在尽可能淡化环境颜色的基础上，让被青藤覆盖的单人沙发显得格外醒目，从而更好地强调空间意境。

波斯午后 *Afternoon in Persia*

当北欧风邂逅历史悠久的波斯文化，它们融合出来的便是充满田园气息和阳光味道的家居世界。餐厅中的罗马帘使用超大尺寸的佩斯利图案；灵感来自波斯纺织品。靠垫采用无花果叶图案，为空间带来自然情怀，而水晶玫瑰色的背景又增添了许多柔美甜蜜气息。

无花果叶

品牌：Peter Dunham

材质：亚麻

　　飘窗的坐垫以及单椅的坐垫使用了无花果叶图案，将自然的绿意装进房间，配合着植物的点缀带来勃勃生机。

伊斯法罕

品牌：Peter Dunham

材质：亚麻

　　亚麻材质的罗马帘使用了充满神话色彩的佩斯利图案，它如同"生命之树"般寓意着吉祥美好。充满异域风情的佩斯利图案布艺搭配植物图案，复古与自然结合，带来不一样的美感。

彼得拉齐

品牌：Peter Dunham

材质：亚麻

　　采用印有几何图案的亚麻布制成靠包，其触感舒适，色彩与窗帘色彩呼应。利用几何图案的规则性与靠垫的无花果叶图案形成搭配，成为很好的视觉填充。

桑给巴尔条纹

品牌：Peter Dunham

材质：亚麻

　　灰蓝色的靠包底色赋予空间质朴与雅致的感觉，而水波似的条纹图案，既充满简洁的时尚线条，同时又具有柔和、蜿蜒的浪漫感，它与几何和无花果叶图案自然地搭配在一起。

中亚田园 *Rural Scenes in Central Asia*

这是神秘的中亚世界，一个宁静的午后，来自乌兹别克斯坦的奇妙花卉缓缓绽放，吐露着阳光的味道。它那蜿蜒的曲线仿佛越过河流与山川的足迹，又如同蹿腾的火苗。当几何纹样和消夏的竹藤家具与之搭配，一切才仿佛变成了寂静的生长。

中亚花卉

品牌：Quadrille

材质：亚麻、棉

充满异域情调的中亚花卉是Quadrille的杰作。蓝绿配色的小型花卉图案比较少见，加上优雅的枝蔓，极容易引起人们的注意。它在制造空间焦点的同时又显得优雅别致，适合用于窗帘以及沙发装饰上。

蜿蜒

品牌：Quadrille

材质：亚麻、棉

深浅相间的Quadrille蓝色雪弗龙纹被用于坐垫上，搭配着白色竹藤材质的框架，带来满满的清凉气息。由于折纹比较大，颜色清新，为空间增添了时尚感。

小折纹

品牌：Quadrille

材质：亚麻、棉

同样是Quadrille的雪弗龙纹，它采用了绿色，突出了田园气息，而且纹路更加细密，紧凑的图案适合用于靠包这样的点缀装饰。

春色如梦 *A Dream-like Spring Scenery*

　　一缕阳光照进屋里，那是开春的第一道光。你可以嗅到春天才有的味道，混合着淡淡的桃花香。房间里是满眼的绿色：壁纸、床品以及沙发的包布。它们似乎为春天而生，为生命而歌，经历了冬天的萧条与肃杀，在春日的阳光里舒展着生命的脉络。

威尼托

品牌：Quadrille

材质：亚麻

　　来自 Quadrille 的奇妙花卉图案，它的图案较大，古典而雅致。因其有多种色彩，被设计师广泛地运用在海洋风情、田园风情以及古典家居中。在本案例中，它被用于床头板和床裙上，绿色的花卉图案强化了空间的田园感。

橄榄绿

品牌：Savel

材质：丝绒

　　卧室的沙发床采用 Savel 橄榄绿丝绒面料装饰，具有良好的触感和视觉感受。与环境中的浅绿色形成色彩对比，使空间层次更丰富，而且更具品质感。

浅灰蓝

品牌：Christian Fischbacher

材质：纯棉

　　卧室采用了 Christian Fischbacher 的棉布窗帘，浅灰蓝色与白色床品形成很好的呼应，给人带来素雅、纯净的清凉感受，而窗帘采用 Samuel & Sons 的饰边，于细节处更显精致。

山居岁月 *Life of the Mountain*

隐居山林，与草木为伍，与鸟兽为邻。劈柴喂马，周游世界，从此做一个幸福的人。山居岁月未必面朝大海，但一定会春暖花开。它的幸福是忘我的境界，是关起门来的一方净土。

卡塔琳娜

品牌：Lee Jofa

材质：亚麻、化纤

　　书房墙面全部采用木作装饰，与书架融为一体；地面铺设的豹纹地毯为空间增添了自然的野性魅力；在地毯上摆放着使用Lee Jofa的几何布艺装饰的墩椅，图案醒目活泼，趣味十足。

约瑟琳

品牌：Brunschwig & Fils

材质：亚麻、棉

　　书房的多人沙发面料使用了来自Brunschwig & Fils的印花图案，它将花卉植物与条纹图案混合，在自由奔放中又带有规则的线条。它很好地响应了自然的主题，在自然材质的背景下，加入了花卉的元素。

波点太后的童话屋 *Dot's House of Fairy Tales*

是否还会记起曾经的童话故事。在遥远的山林深处，是一座神秘的城堡，绿色掩映中，是沉睡的猎豹和幽幽绽放的小花。我们大多未曾亲眼见过梦中的童话世界，然而，通过现代波点艺术营造的世界，让我们仿佛穿越到了童年时代。

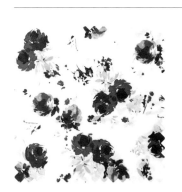

情花

品牌：Bloomsbury

材质：纯棉

在一片绿色的怀抱中，总能开出浪漫的花。卧室的床品使用了 Bloomsbury 的碎花图案，安静雅致的花朵搭配纯棉的质地，带来浪漫田园的诗情画意。

豹纹

品牌：Scalamandré

材质：丝、棉、化纤

在营造田园风情的空间时，可以在布艺搭配中适当加入奢华的动物纹元素，以带给人回归自然的感受。在这个卧室空间中，沙发面料使用了 Scalamandré 的豹纹图案。

菠菜绿

品牌：Scalamandré

材质：聚酯纤维

卧室的墙面上覆盖了绿色丝绸质地的墙布，而窗帘也采用了同色系的菠菜绿，两者一同营造了生机盎然的绿色空间。而波点的现代艺术挂画，为空间注入了活泼、灵动的效果，避免因全部使用绿色而造成空间色彩的单调。

花园下午茶 *Teatime in the Garden*

　　这所房子名叫Bowood House，它的主人是世袭侯爵，与皇室关系密切，查尔斯王子与卡美拉长达30年的爱情马拉松便是发生在这里。它的室内设计由新古典主义建筑大师罗伯特·亚当操刀。在这个茶室空间里可以听到蝉鸣蛙叫，闻到怡人芬芳，在阳光的沐浴中，来一场轻松、闲适的下午茶，偷得浮生半日闲。

邂逅

品牌：Colefax & Fowler

材质：纯棉

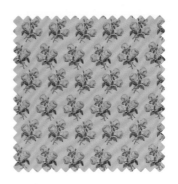

　　Colefax & Fowler 的面料受到了许多世界顶级设计师的青睐。这款英国花卉面料来自设计师 Bowood Chintz 的设计，拥有奶油色底、绿色叶子和象牙色花朵。这款漂亮的面料非常适合用于软包家具、窗帘和靠包。

冬日白

品牌：Romo

材质：化纤、亚麻

　　这款多人沙发包布采用了化纤与亚麻混合的材质，无论是视觉还是触感上都非常有品质。拉扣的新古典造型赋予沙发沉稳的气质，而冬日白的色彩让空间更显素雅。

橄榄绿

品牌：Savel

材质：丝绒

　　空间整体配色素雅、清淡，透着雅致与温馨的感觉。单人沙发没有使用浓烈的红色、紫色或者奢华的动物纹，而是使用了橄榄绿，配合着窗外郁郁葱葱的草木，更有自然情调，而丝绒材质也更显品质。

椰林晚风 *Wind in the Coco Forest*

　　椰林尽头，夕阳西下。清凉的晚风吹过，带来阵阵花香。坐在窗前，仰望着渐渐升起的明月，数着漫天的星星。晚风吹拂，打开了久远的记忆之窗，托起无数个夏夜，一阵晚风、一段记忆、一份遐思。

波利尼西亚

品牌：Lee Jofa

材质：纯棉

　　卧室墙面采用了 Cowtan & Tout 的竹节墙纸装饰，并延伸到天花板。而 Lee Jofa 的波利尼西亚布艺装饰了沙发，为卧室添加了一种异国情调。

冰川灰

品牌：Norbar

材质：亚麻、粘胶纤维

　　冰川灰色窗帘，采用亚麻和粘胶纤维材质，垂感很好，并与白色的床品呼应，在视觉上缓解了墙纸带来的单一效果，增添了"白色奢华"的感受。

闲中花鸟 *Leisure Time of Flower and Bird*

悠闲雅致，寄情山水，徜徉山光水色，林泉高致。有时在山水花鸟中融化悠悠情怀，有时在一亭一榭中寄托殷殷情愫。这套家居布艺搭配从花鸟意境中寻找配色灵感，轻盈灵动、意味悠长。

御花园

品牌：Thibaut

材质：亚麻、棉、化纤

　　典型的法式中国风图案，描绘了御花园中花卉盛开，鸟儿衔梅飞舞的景象。东方风情的宝塔隐匿于花丛中，在绿色底色的衬托下，展现了一派东方世界的田园雅致。

特拉沃尼大马士革花卉

品牌：Thibaut

材质：亚麻、棉

　　大马士革是古代丝绸之路的中转站，是东西方文明碰撞与交汇之所。当东方的格子布花纹受到西方宗教艺术的影响，就成为这种四方连续的设计图案，并变得更加繁复、高贵和优雅。它风靡于宫廷、皇室等上层社会，被人冠以"Damask"的代称。千年之后，大马士革图案已成为欧洲装饰艺术的经典图案之一，广泛应用于服装、布艺、建筑、绘画。

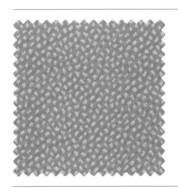

庞戈编织

品牌：Thibaut

材质：棉、化纤

　　客厅的箱式凳使用了绿松石色的编织图案，形成了不规则的点状图案，它与白色的沙发、绿色的窗帘都形成了很好的呼应，具有十分雅致的装饰效果。

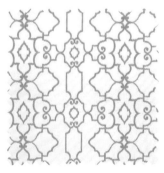

奥格登克刺绣

品牌：Thibaut

材质：粘胶纤维

　　在白色胚布上通过刺绣形成极具古典韵味的几何图案，而绿松石的颜色清新、自然，还与箱式凳的颜色呼应。

托斯卡纳记忆 *The Memory of Tuscany*

亚平宁山脉迤逦绵延，橄榄林成片，朴实悦目的农舍散落其间。有星，有月，也有春意盎然的嫩绿，还有夏日晴朗的温凉之夜。你既可以隐居植花弄草，又可以在乡间漫步，忘却一切忧思。

珍珠岩

品牌：GP & J Baker

材质：亚麻

在雅致的客厅里，以白色作为背景色，而窗帘选择了GP & J Baker的面料，翠绿的植物、鲜艳的花朵与穿插其中的动物，营造了浓郁的田园气氛。客厅中还使用了20世纪50年代的意大利玻璃灯和复古大象花园凳子，带来了俏皮感。

肯特条纹

品牌：Scalamandré

材质：棉、化纤

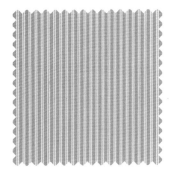

设计师从Scalamandré定制了蓝色条纹沙发包布。不同于窗帘的热闹，肯特条纹的沙发更为简约、纯净，两种布艺形成对比，动静结合得恰到好处。

火焰红

品牌：Kravet

材质：丝绒

冷静的蓝色条纹沙发搭配热烈的火焰红丝绒靠包，醒目而热烈。起到了很好的点缀作用，让空间更为活跃，色彩更丰富，层次感更强。

梦里花开 *Blooming in the dream*

　　宛若梦回日不落帝国时代，设计师深受英国和旧世界欧洲风格的启发，再现了维多利亚时代的雅致。卧室的灵感来自传统的英国风格，它包含了一系列来自英格兰的历史悠久的作品，除了用优雅的面料装饰外，还包括雕塑和来自伦敦的古董以及地毯。

夏洛特女郎

品牌：Bennison

材质：棉、亚麻

  整个卧室采用了纯手工印花面料作为房间的基调。优雅的面料不仅装饰了墙壁，还用在了窗帘、床头板和床罩上，用经典的蓝色和白色包围着空间。作为点睛之笔，这款面料采用了红色装饰作为点缀。

印度花园

品牌：Jasper

材质：化纤

  靠包采用了Jasper的小型花卉图案，有序的几何排列对于全部花卉图案来说是很好的补充。而且还使用了红色作为空间的点缀色，蓝、白、红三种颜色构成了空间的基本色彩。

欧洲老时光 *The Old Time of Europe*

　　既有诗歌的韵律，也有油画的色彩。最难得的是经过了世间的纷扰，依旧淡然的温柔感受。房间的亚洲风情始于清迈龙的窗帘和复古竹椅，它轻易地将人带回殖民时代的欧洲，东方的文化和艺术源源不断地涌进欧洲，成为生活的一部分。

清迈龙

品牌：Schumacher

材质：亚麻

　　客厅的窗帘采用了充满东方气质的龙形图案，而且内容丰富。巨龙穿行于热带花丛中，这与整个空间设计的调性吻合，既有东南亚的丛林韵味，又有现代家居的时尚都市感。

阿德拉斯伊卡特

品牌：Schumacher

材质：纯棉

　　从19世纪初至20世纪20年代，中亚的伊卡特纺织品编织艺术蓬勃发展。人们受到花朵、叶子和果实颜色的启发，编织出美丽的图案。如今靠包采用了这种图案，加入了大胆而强烈的色彩，与窗帘形成了一种视觉上的呼应。

曲折迷宫

品牌：CR LAINE

材质：腈纶

　　单人沙发采用钉头装饰，与茶几的黄铜饰面相得益彰。沙发包布使用了珊瑚色的迷宫图案，低调而有质感。

柔和蓝

品牌：CR LAINE

材质：化纤

　　多人沙发使用柔和的蓝色包布，与墙面颜色相匹配，为空间中的印花图案创造了一个安静、柔和的背景。

生命之舞 *Dance of Life*

　　生命在顽强地生长，看它在苍白的背景下努力地向上攀爬——纤细的树枝装饰着翡翠色的叶子和莲花，花瓣像孔雀尾羽一样散开。每一个生命都在努力地活着，活出自己的样子，不论是否平凡，它们都用自己独特的理解，谱写出一曲生命之歌。

生命之树

品牌：Braquenié

材质：纯棉

    卧室中的布艺上绘有生命之树的图案。在18世纪晚期，Braquenié 兄弟将从印度看到的生命之树图案与法国设计融合，加入了18世纪中期的洛可可式风格，即非对称结构和蜿蜒曲线，将生命之树的图案进行了升华。

条纹

品牌：Scalamandré

材质：人造丝、聚酯纤维

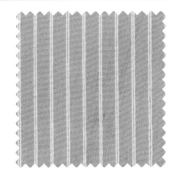

    卧室中的床头板使用了Scalamandré的条纹布艺。简洁的线条可以很好地缓和生命树图案造成的乱花渐欲迷人眼的视觉感受，形成视觉平衡。

花园迷宫 *Maze Garden*

　　这是一座神秘的花园，白色的天，蓝色的花草。天，高远而深邃；花草，丰茂而绵延无尽。一切似乎都是静止的，只有当遥远的风从北方吹过的时候，蓝色的花草才会四处摇曳。在这繁茂的蓝色花园中隐藏着女王的迷宫，曲折的路径、优雅的线条都让人沉迷其中。

迷宫

品牌：Quadrille

材质：亚麻、棉

　　在蓝色花卉壁纸的衬托下，整体空间具有强烈的田园色彩。而Quadrille的迷宫图案的平开帘和罗马帘改变了这个空间的氛围，优雅的几何图案使其更为时尚现代。

蓝黑色

品牌：Schumacher

材质：棉、化纤

　　床头的边几使用蓝黑色布艺进行装饰，看起来素雅而整洁，同时使用白色蝴蝶的夹子进行固定，蓝白的配色和空间整体的配色吻合，充满了优雅的田园诗意。

绿野仙踪 *The Wizard of Oz*

　　充满魔力的绿宝石城市，精致的白瓷国，还有住在森林深处的女巫，这一切都诱惑着人们踏上这片神奇的土地，开始一场奇妙的旅行。温馨的客厅中配有蓝色条纹沙发，上面配有蓝色和绿色靠包，耀眼的榻几成为空间的焦点，而绿色的天鹅绒扶手椅旁边是一株无花果树，静静地矗立在那里。

孔雀

品牌：Schumacher

材质：腈纶

　　受到传统伊卡特的启发，这种类似于火焰的孔雀纹图案带来了戏剧化的效果，它被用在榻几上，张扬且充满艺术感的设计成为空间的焦点。

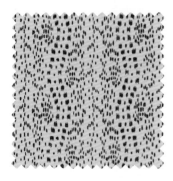

碎雨

品牌：Brunschwig & Fils

材质：纯棉

　　空间的单人座椅以及靠包使用了Brunschwig & Fils的纯棉布艺，印有蓝色雨点的图案。尽管使用面积十分有限，但是碎雨的图案打破了空间中大面积整体色块的布局，增添了空间的灵动性。

淡蓝色

品牌：Christopher Farr

材质：亚麻

　　客厅中的多人沙发使用了淡蓝色包布，布料上的不规则条纹如同雨水冲刷一般，带来强烈的立体质感。沙发上还点缀了印有花卉图案和波点图案的靠包，丰富了视觉感受。

柠檬绿

品牌：Lee Jofa

材质：天鹅绒

　　明亮的柠檬绿色天鹅绒用于扶手椅上，让人感觉眼前一亮，顺滑的天鹅绒带来舒适感和品质感。

仲夏夜之梦 *A Midsummer Night's Dream*

梦，似真似假；梦，似有似无；梦，不可思议。仲夏夜之梦，一个关于生命的幻想，有欲望、有恐惧，也有逃避。生命之树的枝条上有多种水果和蔬菜，这种纺织图案在世界各地流行。每个人在树下沉思时，都可以从树上寻找到自己需要的东西。关于生命之树的梦在仲夏夜里变得眼花缭乱、光怪陆离。

生命树

品牌：Pierre Frey

材质：纯棉

设计师使用Pierre Frey的生命树装饰这间主卧。白色木质窗子、白色床上用品和绿色皮革椅使视觉不那么紧凑。而且生命树的图案本身有很多空白区域，缓解了大面积图案带来的压抑感，保持了这个房间的通透感。

舒马赫波点

品牌：Schumacher

材质：亚麻、棉

来自Schumacher的波点图案，被用在沙发靠包上，作为空间的点缀。一般点缀图案使用的面积很小，但是会相对醒目。因此，在植物花卉为主的环境中，加入波点或者几何图案，可以产生很好的反差效果。

百草园 *Herb Garden*

这是设计大师约瑟夫·弗兰克的花鸟世界。在纺织品和墙纸设计领域，约瑟夫·弗兰克创造了一个与二战时期完全对立的鲜艳的色彩世界。那些大自然中的美丽鸟儿、蝴蝶和植物都充满乐观的能量，即使是高度抽象化处理的图案，也暗示了人类世界的丰富可能性。

窗外风景

品牌：Josef Frank

材质：亚麻

　　约瑟夫·弗兰克于1941年至1946年在纽约工作。野外工作和植物研究激发了他的创作灵感，在此期间设计的许多版画都由植物组成。后来，这些图案被用于家居装饰，案例中的沙发就采用了约瑟夫·弗兰克的设计。

迪克西兰

品牌：Josef Frank

材质：亚麻

　　约瑟夫·弗兰克居住在纽约时设计了两幅版画，其中一幅被称为迪克西兰。它描绘了一个巨型向日葵样的非洲和巨大西瓜样的美洲，而陆地边缘被海洋泡沫所包围。这款面料采用亚麻材质，最适合用于窗帘、靠包和其他纺织产品中。它们还可以作为家具的包布，较为耐磨。

冬日白

品牌：Lee Jofa

材质：化纤

　　客厅的罗马帘采用了轻薄透亮的冬日白色，和厚重的墙面色彩形成鲜明对比。该布料能让光线照亮空间，缓解墙面色彩带来的沉重感。

青花物语 *Blue and White*

蓝白色之外，它没有更多绚烂的色彩，它静得出奇，绝世而独立；它也美得出奇，出淤泥而不染；它似乎很古老，总有让人探索不完的财富；它又很新奇，总有无数的创意和灵感源源不断地涌现，这就是青花带给我们的遐想。

克什米尔花卉

品牌：Raoul Textiles

材质：亚麻

　　空间中的窗帘以及单椅坐垫采用了青花中常用的代尔夫特蓝，优雅的克什米尔花卉图案配上代尔夫特蓝，显得生动而又沉静。

海军蓝

品牌：Kravet

材质：亚麻

　　沙发上的靠包采用了颜色较深的海军蓝，和白色沙发形成了鲜明对比，蓝白配色中加入克什米尔花卉图案，为空间带来清新的田园风情。

冬日白

品牌：Lee Jofa

材质：化纤

　　白色是空间的基础色调，从墙面到沙发都采用了白色。沙发选用了Lee Jofa的冬日白化纤面料，和其他蓝色布艺形成了经典的配色，带来清新、自然的效果。

草原季风 *Wind Across the Grassland*

　　风刮过无边的草原，带来花开的声音。充满生命的绿色搭配纯洁的白色，带来生命的新鲜感。网格状的绿色壁纸布满墙面，仿佛斑驳的岁月；而白色的窗帘，像云从天空飘过；优雅的几何图案和野性的斑马纹一唱一和，那一刻仿佛听到了一曲田园牧歌。

生命之舞

品牌：Kravet

材质：化纤

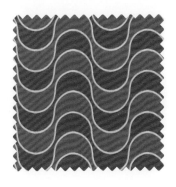

　　用来自 Kravet 的面料装饰沙发，那些由美妙的曲线组成的几何条纹给绿色的房间带来了灵动和优雅的气质。在绿色的背景下，沙发采用了红色装饰，冷暖对比让视觉感受更平衡。

温柔斑马

品牌：Brunschwig & Fils

材质：亚麻

　　壁炉前的两个单人沙发采用了 Brunschwig & Fils 的斑马纹图案进行装饰。在绿色的背景下和棕色的地毯上使用这款亚麻布艺，便于在两者中取得平衡，醒目的纹理图案让空间更立体，而图案的色彩也更容易与另外两种色彩搭配。

亮白色

品牌：Lee Jofa

材质：亚麻、棉

　　白色与绿色一直都是非常经典的搭配。在绿色的墙面背景下，网状的墙纸让空间更加立体，更有戏剧效果，这时，加入亮白色的窗帘会让空间显得更明亮、干净、清新怡人。

浪漫年代 *Romantic Era*

也许只有这样的居室才够浪漫——它没有现代的几何图案，也没有现代的时尚家具，在这里，你感受到的只是岁月静好的慢条斯理。当刺绣的花卉图案和古典的打印布以素雅的色彩出现在空间里，仿佛此刻时光静止，幸福感油然而生。

礼物

品牌：Robert Kime

材质：亚麻

　　卧室中的两个单人沙发包布使用的是 Robert Kime 的古典图案。其灵感来自东方的花篮与花卉，经过法国设计师的再创作，形成了别具个性的装饰图案。它的色调柔和，充满了雅致的气息。

金藤

品牌：Chelsea Editions

材质：亚麻、棉

　　卧室中的床头板和罗马帘都使用了 Chelsea Editions 布艺的金藤图案。柔美、纤细的蕨类植物通过金色刺绣栩栩如生地呈现出来，它最早来自18世纪的英国设计，充满了异国情调。

皇家蓝

品牌：Holland & Sherry

材质：纯棉

　　卧室中的唯一亮色就是用于床尾凳上的皇家蓝。它是 Holland & Sherry 的一款纯棉面料，舒适且顺滑，其明亮且高贵的色彩成为空间中醒目的焦点。

3　都市新古典

　　古典是一种价值观，也是一种情结。它那曾经辉煌的过往，让人羡慕、陶醉。它的品位显得与众不同，让人想起那些醉倒在丝绸、天鹅绒上的日子和那些雕梁画栋里的鼓乐弦歌。古典像一个梦，经过岁月的洗礼，依旧绽开在现代都市中，虽没有了"笙歌归院落,灯火下楼台"，却有了新时代的花间晚照。

晨曦林园

贵族记忆

英伦绅士

古典沙龙

云端之上

葵园

长岛阳光

外婆的故事

风中沙语

蒂芙尼的早餐

江南春色

夏花之恋

巴黎花街

泰晤士河畔的现代音符

花房

晨曦林园 *Garden at Dawn*

从晨曦中醒来，窗外是轻薄的雾气，层层叠叠的园林隐匿在雾色中。空间被象牙色所笼罩，一片朦胧，仿佛还在梦中。优雅的床幔缓缓打开，看到的是那些沉睡的古典家具，精湛的工艺和优雅的线条讲述着动人的故事。

银杏之舞

品牌：Sarah Richardson

材质：亚麻

卧室以象牙色和灰色为基础色，窗帘和靠包使用Sarah Richardson的银杏叶图案，使空间拥有古典、优雅的气质。而光泽柔和的亚麻材质则为空间增添了朴实自然的气质。

凯蒂豹纹

品牌：Sarah Richardson

材质：棉、亚麻

卧室窗前的茶几使用了Sarah Richardson的海蓝色布艺，图案采用了豹纹。因为颜色素雅，所以豹纹所具有的野性美在这里荡然无存，优雅的时尚感反而变得更为强烈，使其在这个古典主题的空间中显得十分抢眼。

白鹭色

品牌：Lee Jofa

材质：亚麻

卧室床头的床幔采用了Lee Jofa的亚麻布艺，微微泛黄的白鹭色为冷色调的空间注入温暖的感受，尤其是床头部分，这种温馨的感觉，让人在睡觉时更觉舒适。

象牙白

品牌：Sarah Richardson

材质：化纤

卧室窗前的两把单人沙发使用的是Sarah Richardson的化纤布艺，象牙白的颜色呼应了空间的背景色，灰色、白色以及浅黄色成为空间的基础色调。象牙白在沙发上的运用，可以进一步强化古典、高贵、素雅的感受。

红色与蓝色曾经是上流社会贵族们的色彩，如今在许多古典建筑中依旧可以看到红色的装饰。红色既是一种高贵，也是一种热情。当设计书房的时候，古典风格的单椅与精致的壁炉将空间装扮得更为端庄，复古的庞贝红背景抢眼吸睛，配合着孔雀蓝带来的优雅气息，黄奶油色的点缀，整个空间怎一个优雅高贵了得。

松果

品牌：Le Manach

材质：棉、亚麻

单人沙发采用 Le Manach 的松果图案布艺。河流以弯曲的条纹形式出现，河岸边是排列有序的松果图案。整体感觉轻松活泼，具有浓厚的古典韵味和生活气息。

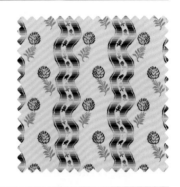

孔雀蓝

品牌：Lee Jofa

材质：天鹅绒

书房的沙发和脚凳被 Lee Jofa 的天鹅绒包裹，高贵的孔雀蓝非常适合用在古典气质的家居空间中，尤其是用在沙发上。蓝色与同样高贵的红色背景搭配，平衡冷暖关系之余，还可以加强空间的古典气质。

奶油色

品牌：Lee Jofa

材质：亚麻、化纤

书房的窗帘使用来自 Lee Jofa 的奶油色布艺，它具有良好的垂感和舒服的色彩。棕色、奶油色这些基础色经常出现在古典风格的家居中，它们强化了空间搭配的协调性和一致性。

英伦绅士 *British Gentleman*

  黑金相间的壁纸在耀眼中彰显着时尚、前卫的格调，红色的映衬令其更加醒目。空间的布艺主要由苏格兰格纹和法式托勒组成，红色的经典让人感受到苏格兰的传统与热情，英伦风范呼之欲出。

新大陆

品牌：Schumacher

材质：亚麻

　　这款传统的托勒设计，源自18世纪的法国。图案采用了手工刺绣的方式。田园牧歌般的生活场景让人向往。这款布艺用在窗帘上时，为空间带来强烈的古典气质。

亚历山大格子呢

品牌：Schumacher

材质：亚麻、羊绒

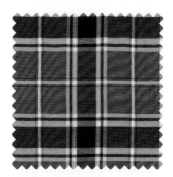

　　格纹作为一个经典主题，其起源可以追溯到苏格兰的早期部落。如今，格子呢面料已成为男性化、成熟和传统的外观装饰。这个空间使用格纹面料装饰单椅，增强了居室的文化气质。

火红色

品牌：Lee Jofa

材质：丝绒

　　空间中的多人沙发采用了Lee Jofa的丝绒面料，醒目的火红色带来贵族的气质，浪漫氤氲而出。红色的沙发与几何地毯将视线聚集，鲜亮的色调点燃一室的活力。

晚霞色

品牌：Lee Jofa

材质：纯棉

　　空间中的扶手椅使用Lee Jofa的布艺作为装饰，晚霞色的柔和气质让空间的层次更加丰富，同时也与背景的挂画从色彩上形成一种延伸。

古典沙龙 *Salon Classics*

推开 19 世纪的大门，古典主义标志性的中央走廊随着时间的推移，仿佛变得越来越遥远。当皇权土崩瓦解，而新古典主义大行其道的时候，古典从繁复走向了简约，从贵族的奢靡走向新阶层的优雅与节制。他们的下午茶也变得温文尔雅，一片祥和。

蒙梭公园

品牌：Schumacher

材质：化纤、丝、棉

　　客厅的窗帘使用了古典的红色，而窗帘上的图案是经典设计，蜿蜒柔美的线条上是卷曲的藤蔓和枝叶，上面的圆圈是一颗颗的钻石——它用于丝绸的面料上，使其更显华贵。

玛德琳·卡斯廷豹纹

品牌：Schumacher

材质：天鹅绒

　　这款天鹅绒面料，以玛德琳·卡斯廷（Madeleine Castaing）命名，她是一位具有代表性的法国设计师，以对豹纹的热爱而闻名。小型的豹纹斑点活泼可爱，用于多人沙发和靠包上，使其显得高贵奢华。

尚蒂伊

品牌：Schumacher

材质：亚麻、化纤

　　客厅中的一对单人沙发使用了Schumacher的尚蒂伊图案进行装饰。这种花边图案流行于法国的一些地区，基于复杂的漩涡和曲线设计而成。作为一款优雅的提花织物，具有一定的视觉立体感和丰富的触感。

云端之上 *Above The Clouds*

　　以蓝色为家居背景色，以白色为辅助，如同行走在云端之上。拉开窗帘，一束柔和的光芒让一切华丽的言辞都黯淡无光。优雅的千鸟格与奢华的佩斯利在这古典的居室内相会，它们共同打造了一个现代的古典梦。

抽象珊瑚

品牌：Vaughan

材质：亚麻

　　这款刺绣亚麻布的设计灵感源自17世纪巴黎建筑的石头纹理，具有艺术气息。图案使用了单一颜色，赋予纺织品舒缓的美感。刺绣形成的图案与天然亚麻织物相得益彰，多向的针织在丰富光泽的同时也增强了图案，创造出惊人的视觉深度。

佩斯利鹦鹉

品牌：Soane

材质：棉、亚麻

　　这款迷人的印花采用醒目的佩斯利纹样，巧妙地展现出双鹦鹉图案。这款布艺上错综复杂的花朵细节模仿了早期编织披肩上的那些佩斯利图案。而着色尽可能保持原色，整个面料的背景是细小的蕨纹图案。

卡拉瓦千鸟格

品牌：拉夫劳伦

材质：棉、化纤

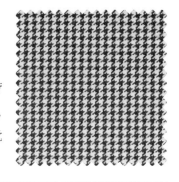

　　传统的千鸟格棉质编织图案，是拉夫劳伦的经典样式。它是时尚与古典的结合体，用于沙发面料上，带来个性、优雅的视觉感受。

葵园 *Hollyhock House*

　　蜀葵是优雅而美丽的花卉，在格调精致的居室内挂起一帘花卉窗帘，再锦上添花般地牵起一帘帘韵律整齐、柔美的打褶幔，好似将整个花园搬进家中，让整个空间染上快乐的味道。随着阳光的播撒，长满花朵的窗帘随风起舞，静坐在窗前，纵享一帘幽梦的美妙时光。

蜀葵

品牌：Schumacher

材质：纯棉

　　这款Schumacher的纯棉布艺采用了古典的蜀葵图案，生动优雅。在这个书房空间里有很多窗子，光线充足，因此在书房中大面积地使用了这款布艺。蜀葵图案搭配灰色的古典壁纸，带来非常中性且雅致、沉稳的家居感受。

露露彩虹

品牌：Lulu DK

材质：纯棉

　　在书房空间中使用了Lulu DK的海浪图案，这款图案在日本的浮世绘中经常看到，它表现着海浪的运动，也代表着生命本身。在新艺术运动时期，这款图案成为当时的经典图案。如今在空间中使用，和墙面背景相互映衬，带来许多新艺术运动时期的美学意味。

长岛阳光 *Sunshine on Long Island*

　　长岛三面环海，蓝天、沙滩、漫长的海岸，这里汇聚着众多豪宅，也汇聚着世界的财富。你可以去南海岸的琼斯海滩扔飞盘、玩水球，也可以在长滩上冲浪、嬉戏，眺望碧海蓝天下绵延不断的海岸线，还可以在倾听海浪拍岸的经典韵律时，享受一个下午的阳光浴。

隐居

品牌：Kravet

材质：纯棉

　　在这间卧室中，设有古典的床幔、窗帘，John Rosselli的古董屏风以及Lulu DK面料制成的18世纪法式长凳。中国风元素的加入让这个空间更显优雅。屏风上采用的是东方花园和宝塔的图案，而单人沙发和靠包采用的是Kravet的中国风布艺，图案中的中国夫妇与孩子以及单色处理的植物，呈现出一派自然、祥和的景象。

沙色

品牌：Fortuny

材质：亚麻

　　卧室沙发采用了优质的意大利制亚麻织物，沙色具有朴实的色彩效果，可以最大限度地提高亚麻轻盈和凉爽的感受。

猫步

品牌：Lulu DK

材质：亚麻、棉

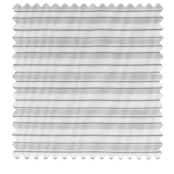

　　卧室床前使用了18世纪的法式长凳，它采用Lulu DK的条纹面料，尽显古典的优雅气质。色彩与环境协调搭配，使空间显得低调舒适。

外婆的故事 *Granny's Story*

家既是舒适的空间，也是记忆的收藏。这里有爱人的信物和亲人的印记，每每想起都使人倍感温馨。这间卧室采用了马术内容的壁纸，再现了一个特殊时代的悠闲生活。而墙壁上的收纳里摆放着祖母收藏的纪念品，空间使用的布艺简洁、素雅，暖暖的都是温情回忆。

冰咖啡色

品牌：PINDLER

材质：棉、化纤

　　床头板的包布以及床的框架都采用了冰咖啡色，醇厚的颜色在白色的衬托下显得舒适、沉稳。它起到了很好的空间过渡的作用，在白色的衬托下，与墙纸达到了很好的融合，同时也很自然地与地毯实现了和谐搭配。

日高河

品牌：Zak + Fox

材质：棉、亚麻

　　卧室的罗马帘使用了 Zak + Fox 的经典布艺。日本古老的传说《道成寺》中记载，一个年轻的僧侣发现自己是一位年轻女性的迷恋对象，当他拒绝对方后，这位女子变得越来越绝望，最终变成了一条穿越日高河的悲愤大蛇。图案灵感即来自这条著名的河流，仿佛日高河的柔和线条随着波浪的上升而断裂。

亮白色

品牌：Dedar

材质：丝、棉

　　这款亮白色布艺作为卧室窗帘能够很好地起到衬托和过渡作用。它具有很好的光泽和阻燃效果，手感十足，色彩纯正。

阿斯顿条纹

品牌：Scalamandré

材质：丝、棉

　　这款经典的条纹布艺多用于床上的靠包装饰。在素色的布艺中，加入小面积的条纹或者几何图案，可以很好地打破原有的格局，赋予空间灵活、生动的气质。

风中沙语 *Whispering Sands*

　　柔和的蓝色好似风的使者，瑟瑟的声音是沙的语言，风中的流沙倾诉着它的过往。在这个由柔和的蓝色营造出的复古空间中，古典家具搭配的色彩柔和的布艺，在午后的阳光里显得舒缓、平和而且明亮、温馨。

克什米尔佩斯利

品牌：Jasper

材质：亚麻

　　客厅中的天花板采用格子的设计，壁炉也没有用精美的大理石装饰，它们和整个空间都使用了蓝绿色涂料。而在此基础上，一对单人布艺沙发采用了Jasper的佩斯利图案面料，色泽柔和，图案古典奢华，可以在空间中起到很好的调节作用。

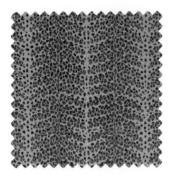

豹纹

品牌：Waterhouse

材质：亚麻、棉

　　定制的靠背椅座面由Waterhouse的豹纹印花面料制成。代表奢华的豹纹图案用蓝色表现出来，冷静高贵，在空间中起到了很好的点缀效果。

纳瓦霍黄

品牌：Kravet

材质：亚麻

　　客厅的窗帘使用了柔和的纳瓦霍黄，搭配同色沙发，平衡了墙面和天花板的光亮效果，平静的调性打造出优雅的家居效果。

奇马罗萨

品牌：Fortuny

材质：埃及棉

　　沙发上的靠包使用了Fortuny的经典布艺，它以18世纪意大利著名作曲家奇马罗萨（Cimarosa）的名字命名。这款古典的花卉图案，采用了蓝白配色，看起来低调而优雅。

蒂芙尼的早餐 *A Breakfast in Tiffany*

这间客厅墙面的装饰木作在使用古典设计之余，采用了迷人的蒂芙尼蓝色。这让人不禁想起电影中的赫本站在蒂芙尼珠宝店外，边吃早餐边看珠宝时的景象。蓝色的蒂芙尼珠宝象征着一个如梦似幻、没有忧愁的地方，是一个女孩的白日梦。如今，这个梦想被设计师们带入现实，成为家居中的常见色彩。

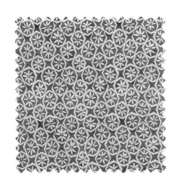

安达卢兹之花

品牌：Carolina Irving Textiles

材质：亚麻

客厅的单人沙发使用了Carolina Irving Textiles的亚麻面料，活泼的几何图案像张开的花瓣，紫色图案在蒂芙尼蓝的背景衬托下显得高贵而醒目。

孟加拉市集

品牌：Lee Jofa

材质：亚麻

一对Hickory的扶手椅采用了Lee Jofa的亚麻面料装饰，上面使用了古老的紫红色伊卡特的图案，既充满异域风情，又显得活泼生动。

基础条纹

品牌：Kravet

材质：亚麻

客厅中还引入了Kravet的条纹图案，它的色彩和蒂芙尼蓝形成了很好的搭配，显得高贵素雅。而且还能对其他醒目的色彩和图案起到衬托效果。

江南春色 *Spring in the South Yangtze*

江南时节，绿草如茵，和风细雨，燕子归来。当一片生机笼罩大地，绿洲色的大马士革花纹带来西方巴洛克的奢华感受，东方花鸟挂画让两种文化相聚于春天。墙纸为空间营造典雅、高贵的恢宏气势，而同款窗帘与床幔则为空间带来了盎然春意。家居配色选择黑、白、灰系列，平衡空间色彩与属性，打造利落、大方的姿态。一抹热情的红色出现在花鸟挂画、花艺等装饰上，带来了一分明媚与活力。

安娜大马士革纹

品牌：Schumacher

材质：亚麻

  使用绿洲色大马士革花纹墙纸装饰墙面，为空间营造典雅、高贵的恢宏气势，搭配同款窗帘与床幔，为空间带来了盎然春意。这款大型亚麻织物采用水洗饰面，散发出轻松、优雅的气息。

银色

品牌：Schumacher

材质：天鹅绒

  卧室中的床尾凳以及沙发采用了Schumacher的银色天鹅绒面料，显得时尚雅致，面料防水、防污，非常耐用。

夏花之恋 *Love of Summer Flowers*

又见夏日，热风拂面，没有了春天的轻盈，却多了一分夏季的宁静，不见喧闹，只留下蝉鸣蛙叫。此时盛开的夏花也会在午后沉睡，笼罩在白色的阳光中。夏天的梦要比春天的短，关于夏天的爱情，要比春天更长一些。

苏萨尼花卉

品牌：Robert Kime

材质：亚麻

　　沙发和靠包的布料都是使用 Robert Kime 的苏萨尼花卉图案装饰的，通过打印再现这款经典的刺绣图案，在白色的客厅里添加了飞溅的黄色花卉效果，以增强空间的欢乐情绪。

本尼森条纹

品牌：Bennison

材质：亚麻、棉

　　设计师在蓝白配色中找到了来自 Bennison 的这款优雅的条纹图案。白色沙发搭配这款蓝白条纹靠包，显得古典而雅致。

浅蓝色

品牌：Schumacher

材质：亚麻

　　这是一款精美的亚麻面料，具有柔软的手感和清爽的表面。纹理中有些微妙的变化，这是其固有的自然美的一部分，被用作空间中扶手椅的装饰面料。

亮白色

品牌：Lee Jofa

材质：亚麻、棉

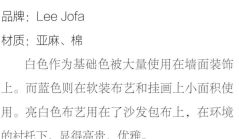

　　白色作为基础色被大量使用在墙面装饰上。而蓝色则在软装布艺和挂画上小面积使用。亮白色布艺用在了沙发包布上，在环境的衬托下，显得高贵、优雅。

巴黎花街 *Vogue Paris*

　　当充满东方意蕴的中国风布艺图案搭配东方花鸟的挂画出现在法式家居中，仿佛将我们带回到300年前的欧洲的繁华岁月。东方的雅致和西方的艺术碰撞产生的时尚之美，为巴黎奏响了华美乐章。

乐上枝头

品牌：Duralee

材质：纯棉

　　客厅加入了中国风的元素。壁挂上的东方花鸟强化了空间调性，在窗帘上使用了Duralee的法式中国风图案。这是一种古老而又充满活力的图案，在洛可可时代大放异彩，非常适合用于古典风情的家居装饰上。

热粉红色

品牌：Clarke & Clarke

材质：棉、化纤

　　客厅空间采用了缤纷的色彩，热粉红色的沙发与蓝鸟色的天鹅绒单人沙发配对。搭配鎏金古典框架、古典的线条和富有女性美的色彩，让空间充满优雅气质。

蓝鸟色

品牌：Schumacher

材质：天鹅绒

　　蓝色和粉色是最浪漫的颜色，也是爱情的色彩。客厅中的一对单人沙发采用了蓝鸟色天鹅绒面料，优雅而奢华。它与对面的粉色沙发在颜色搭配上起到了冷暖互补的效果，两种颜色对比更加强烈鲜明、美艳无比。

泰晤士河畔的现代音符 *Modern Art on the River Thames*

宽阔宁静的泰晤士河静静流淌，在阳光下泛起一片片白色光影。它是英国古老文化的象征，记录着一个国家的漫长历史。随着时代变迁，河畔两岸不再是乔治王时代的联排建筑，现代艺术的兴起为它注入了新的生机与活力。在这个英式风格的客厅中，既拥有传统的维多利亚式家具又装饰着土库曼斯坦的壁挂，融合成为这个时代的特色。

菊苣

品牌：Robert Kime

材质：亚麻

　　在这个英式乡村度假的客厅里，来自Robert Kime的亚麻面料用于维多利亚式沙发的装饰。古老的菊苣图案搭配柔美的粉红色，即便是在今天依旧时尚、美丽。

青色

品牌：Kravet

材质：天鹅绒

　　客厅的多人沙发采用了青色的天鹅绒面料，干净的色彩与明亮的色调，让空间看上去更为清新、舒适。同时，天鹅绒的面料也带来了古典和奢华的气质。

红辣椒色

品牌：Lee Jofa

材质：聚酯纤维

　　客厅的窗帘采用了古典的帘头装饰，即平开帘加罗马帘的装饰方法。帘头和窗帘都使用了Lee Jofa的聚酯纤维面料。即使是今天，古典的红辣椒色看上去依旧充满了贵族气质。

红色康乃馨

品牌：Robert Kime

材质：丝、棉

　　来自Robert Kime的红色康乃馨图案被印在丝绸面料上，作为空间的优雅点缀。古典风格的家居中经常会使用丝绸、天鹅绒、皮毛、格子花呢等材料进行装饰，来增添空间的古典奢华气质。

花房 *The Greenhouse*

丰富的色彩，百花绽放。粉色的背景，如同置身温室，四季如春。空间中玫瑰色、红色、绿色、蓝色交错，却井井有条。单色布艺、几何条纹、花卉、动物纹，均出现在空间中，搭配得天衣无缝。古典情调的所有奢华元素与秩序感在这个空间中都得到了充分体现。

雨点条纹

品牌：MK Collection

材质：亚麻

在壁炉旁，是MK Collection的条纹沙发，细密的点状图案，仿佛天空中落下的雨滴。相对于空间中的其他单色沙发，这个颜色本身就很低调。

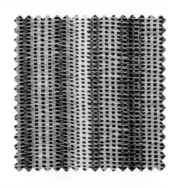

经典绿

品牌：Schumacher

材质：亚麻

这是一款精美的亚麻面料，拥有柔软的手感和清爽的表面。经典绿亚麻窗帘与玫瑰色壁纸在客厅中形成了一个优雅的背景。

中国红

品牌：Kravet

材质：天鹅绒

客厅中靠窗摆放的是来自Kravet的红色天鹅绒沙发，色彩纯正的中国红在天鹅绒的面料上散发着柔和的光芒，与绿色的亚麻窗帘形成互补关系。

侯爵之花

品牌：Pierre Frey

材质：纯棉

窗前的单人沙发使用了纯棉印花装饰，古典的花卉图案以蓝色和红色为主，呼应了空间中的色彩，同时，古典的绘画手法让其在成为空间焦点的同时，也强化了古典的韵味。

4 北方之光

风靡世界的北欧风，曾一度让人觉得简约就是美。然而，踏入北方的世界，我们看到的是自然之美，原木的材质、绿色的植物、温暖的织物。这里有安徒生的童话故事，也有村上春树的森林。这样的家居设计是节制的、简约的，在素雅中体现家居的美妙，即便偶尔有鲜花绽放，人们看到的也是孤寂的浪漫。

寂静森林

田园秋日

北欧荒原

追忆似水年华

云雀之舞

花洲

乡愿

城市之光

奥丁花园

冻土边缘

挪威森林的隐喻

寂静森林 *Quiet Forest*

在远离都市的森林中，是葱郁的草木和寂静的旷野。没有了都市喧嚣，置身其中，看到的是在千年的土地上生长的树木，听到的是无穷尽的天籁之音。这个空间使用了大面积的玻璃窗，即便在丛林中依旧可以吸收到大量阳光。而空间中大量使用木材搭配石材的地面和柔软的布艺，让空间亲近自然、舒适温馨。

分枝

品牌：Kravet

材质：亚麻

空间以白色为基础色，并用木材进行装饰，而窗帘使用了Kravet的分枝图案，细密的枝叶印在大地色系的亚麻布上，低调而柔和，带来大自然的意象。

伊卡特条纹

品牌：Sarah Richardson

材质：纯棉

空间中的单人沙发使用了伊卡特的银灰色几何图案，素雅的色调与环境形成很好的搭配，而纯棉的伊卡特图案，带来了几何图案特有的现代时尚感。

天空灰

品牌：Sarah Richardson

材质：纯棉

空间中的多人沙发，使用了天空灰色的纯棉布艺进行装饰。通过色彩差异形成空间层次感。同时，这款布艺带有特殊的编织纹理，具有良好触感以及视觉效果。

尖峰模式

品牌：Sarah Richardson

材质：纯棉

靠包作为空间中的点缀为沙发带来不一样的感觉。这款尖峰模式的纯棉布艺用作靠包装饰，精美的几何图案增添了空间的层次感，也起到了很好的装饰效果。

田园秋日 *Autumn Sunshine*

秋日总无多，但晴好相伴，蓝色的空间中少了秋的寒凉，多了暖暖的秋阳普照，让人沉浸在午后宁静的时光中，舒心惬意。窗户框架用黑色装饰，沙发覆盖着与墙壁相同的面料。这种效果赋予空间淡淡的法式情调。

莫卧儿花

品牌：Nicola Lawrence

材质：亚麻

阳光房中的靠包以及扶手椅采用了亚麻材质的莫卧儿花的图案。这种经典的小花图案经常用在空间点缀上。在白色天花板和蓝色墙面的衬托下，显得格外醒目和宁静。

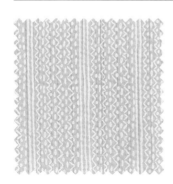

安格丽娜

品牌：Peter Fasano

材质：纯棉

阳光房的墙面使用了Peter Fasano的墙布进行装饰，而沙发也采用了同样图案的纯棉布艺装饰。这款蓝色图案的布艺和白色的天花板以及窗帘形成了很经典的搭配，纯净素雅。而图案上的点状条纹，带给人新奇有趣的视觉感受。

布哈拉纹

品牌：Peter Dunham

材质：亚麻

这款亚麻材质的靠包摆放在沙发上，因为其色彩更深，图案更为醒目，因此很好地起到了点缀效果，而且也与空间的蓝白色调形成了很好的搭配，使得空间层次感更强。

北欧荒原 *Nordic wilderness*

　　渐渐靠近极地，气候渐冷，树木少有高大挺拔，只见矮小的树丛在顽强地与严寒抗争，给人一种荒蛮而又神圣的感觉。高挑的卧室天花板给人开阔的感受，素雅的色彩一如荒原多年的沧桑。

斋浦尔印花

品牌：Raoul Textiles

材质：亚麻

　　在以灰白色为背景的卧室空间里，高挑的木质天花板改变了空间的氛围。而窗帘和床头包布使用了Raoul Textiles的印花图案。美丽而简单的蓝色花卉在浅黄色的印度亚麻布上显得优雅、华丽。

摩洛哥橄榄

品牌：Elizabeth Eakins

材质：亚麻

　　卧室的床尾凳使用了Elizabeth Eakins的摩洛哥橄榄图案。它的图案是受到历史版画的启发而产生的。这款深蓝色的面料由天然纤维制成，经由手工编织，适用于家具包布和墙面覆盖物。

追忆似水年华 *In search of Lost Time*

当华美的叶片落尽，生命的脉络才历历可见，也许曾经的爱情，也要到霜染青丝、时光逝去时，才能像北方冬天的枝干一般，清晰、勇敢、坚强。这个房间的陈设充满了一种淡淡的回忆和怀旧气氛。朴实的大地色调让人联想到北方的冬日景象，同时也平衡了蓝绿色调的清冷之感。

克什米尔佩斯利

品牌：Peter Dunham

材质：亚麻

客厅的多人沙发由Peter Dunham的亚麻布覆盖。精致的佩斯利图案，印在蓝色亚麻布上，看上去朴实、雅致。空间中没有奢华的装饰，也没有过于个性化的陈设，在这样一个舒适、朴实的空间里，你会逐渐回忆起似水流年。

霍索恩格子

品牌：拉夫劳伦

材质：羊毛、化纤

空间中一对复古的John Stuart Clingman椅子用拉夫劳伦的格子呢装饰，带有浓厚的怀旧气息，并且触感舒适、温暖，这些正是空间追求的效果。

云雀之舞 *Dance of Lark*

  优雅的蓝色低调地慢慢渗透着，娇艳的花蕊肆意地绽放，展现着最姣好的模样。清冷的蓝色包裹着黄色的热烈，明亮的色彩也让周遭焕发出更多的活力。云雀飞过，恰如一阵微风卷过，荡漾在风中的嫩蕊，无枝可依却能翩翩起舞。

雀之舞

品牌：Lulu DK

材质：亚麻

　　客厅中的扶手椅使用Lulu DK的亚麻包布，灵动的云雀在翩翩起舞。它为空间注入了灵动、活泼的元素，而且温暖的黄色也在灰白的背景下，显得温暖而醒目。

云纹

品牌：Brunschwig & Fils

材质：亚麻、粘胶纤维

　　客厅使用来自Brunschwig & Fils的云纹图案作为窗帘装饰。抽象的云纹图案由不同的蓝色组合而成，呈条纹排列，既有几何图案的丰富变化，又有条纹的秩序感，让客厅的氛围变得活泼起来。

银灰色

品牌：Perennials

材质：化纤

　　以纯净的亮白色作为打底，这款银灰色的多人沙发使用起来十分舒适，柔软的布艺贴合着娇嫩的肌肤。为清新的风格带来了自然的感觉，让空间更加慵懒、闲适。

镜湖

品牌：Lulu DK

材质：亚麻

　　在银灰色沙发上使用了来自Lulu DK的亚麻材质的靠包。这款名叫镜湖的布料充满了奇思妙想，抽象美妙的图案搭配柔和的土耳其色，成为空间醒目的点缀。

花洲 *A World of Flowers*

悠然自在的小花慢慢地生长，不娇艳却拥有自己的一片风景。在北国的无限阳光中，愉快地生长，默默地绽放。卧室的布艺上布满优雅的小花，在白色背景下显得柔和而纯净。伴随着条纹的线条带给空间流动感，宛若落花流水。

花溪

品牌：Colefax & Fowler

材质：亚麻

卧室采用了亮白色背景，光线充足。而窗帘、床头板以及床裙都使用了来自Colefax & Fowler的亚麻印花布。这款印花图案是根据法国早期的条纹印刷图案改造的，古典风格的花朵两侧加入了装饰条纹，增添了更多变化。

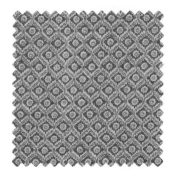

帕特纳

品牌：Elizabeth Eakins

材质：亚麻

卧室中的沙发座椅使用Elizabeth Eakins的紫色亚麻布装饰。变化丰富的几何图案中加入了花卉点缀，与空间的整体调性契合。

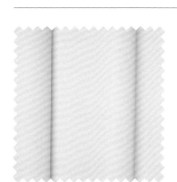

亮白色

品牌：Dedar

材质：丝、棉

北欧风中，白色是经常使用的色彩。这个卧室中的背景色使用了亮白色，而与之相呼应的床品也使用了轻盈、透亮的亮白色。丝、棉的材质为使用者带来舒适感，和周围的蓝色印花布形成了素雅的搭配关系。

乡愿 *Yearn For the Homeland*

走出曾经的故乡，走入汹涌的人流，在人世中沉浮多年后才发现，故乡的记忆是时间无法磨灭的——蜿蜒崎岖的小路、路边绽放的小花、白灰涂抹的墙壁、木材斑驳的窗子、陈旧而宁静的房子。

斯坦顿花卉

品牌：Willow Fabric

材质：亚麻、粘胶纤维

  空间中的沙发座椅有着弯曲的扶手和复古的转腿。它采用了Willow Fabric的亚麻包布，具有漂亮的斯坦顿花卉和经典的拉扣细节，素雅的花卉图案与整体简洁的环境相当契合。

塞尔比

品牌：Elizabeth Eakins

材质：化纤

  这款具有强烈纹理的小型雪弗龙图案具有时尚的视觉效果，它可以运用在榻几以及装饰靠包上，灰色的色彩与白色环境相协调。

城市之光 *City Lights*

北欧风的现代与简约在这里得到充分体现。大量的玻璃窗带来了充沛的阳光，室内家具采用了线条简洁的现代造型。在这里可以看到一种现代的都市生活方式，舒适的、随性的，带些许工业风的，它的灵感来自我们都市生活中的点点滴滴。

杰米森几何纹

品牌：Schumacher

材质：亚麻、棉

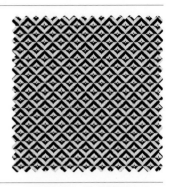

　　沙发上的靠包主要采用了几何图案进行装饰。这款靠包采用了来自Schumacher的小型几何图案，充满立体感和现代感，而黑白的配色也迎合了空间主题色。

经典巴杰罗纹

品牌：Jonathan Adler

材质：羊毛

　　沙发上的靠包最好采用不同材质加以区别，以增添它的多样性，从而使空间更加生活化，也能提升品质。这款靠包的图案是通过羊毛刺绣创造的几何图案，黑色和白色奇迹般地组合在一起。

鲨鱼灰

品牌：Kravet

材质：亚麻

　　北欧风的家居中经常使用黑、白、灰的配色，在以亮白色为背景的空间里，黑色出现在框架结构上，而灰色用在沙发布艺上。多人沙发使用了Kravet的鲨鱼灰色，搭配舒适的亚麻材质。

菠菜绿

品牌：Schumacher

材质：丝绒

　　在以黑、白、灰为基础的空间中，需要一抹亮色来增加空间的灵动性。所以沙发靠包使用了来自Schumacher的菠菜绿布艺，顺滑的丝绒面料增添了空间的品质感。

奥丁花园 *Odin's Garden*

北欧不仅有简约、现代的家居风格，也有这样古典、舒适的浪漫情怀。北欧神话的应许之地，充满了大地色系的搭配和花卉植物的妖娆线条。瑞典的传统花卉和水果图案大胆而有趣，同时搭配了大胆的橙色和粉红色，让空间充满奇妙的感受。

果树

品牌：Jobs Handtryck

材质：亚麻

　　书房木作以丰富的浆果色调装饰，具有冲击力。在窗帘和沙发上使用了疯狂且有趣的瑞典花卉和水果图案。这款布艺来自Jobs Handtryck。他们生产永不过时的经典面料，不拘泥于时尚潮流，更多的是展示艺术家的设计作品，具有浓厚的斯堪的纳维亚风情。

垂柳绿

品牌：Schumacher

材质：棉、粘胶纤维

　　书房中的多人沙发使用了来自Schumacher的垂柳绿色布料。颜色充满了古典主义情怀，同时也与瑞典花卉布艺相对应，繁简中和形成良好的视觉效果。

冻土边缘 *Frozen Earth Edges*

在北方世界，外面也许是冰天雪地，而室内却是温暖如春。即使是在寒冷的冻土地带，依旧可以看到绿松石的身影，水汪汪的温润情调显得弥足珍贵。居室的墙面没有用涂料装饰，而使用充满质感的墙纸，其温暖的感觉和良好的触感，都让人忘记了外部寒冷世界的存在。

伊卡特纹

品牌：Kravet

材质：人造丝、聚酯纤维

　　充满异域情调的伊卡特图案出现在卧室中。它被用在罗马帘和靠包上，在以灰色与白色为背景的空间中，这种呈几何排列的伊卡特图案，既充满生活情调又与环境颜色十分搭配，共同营造了温馨、典雅的空间氛围。

多彩雪弗龙

品牌：Lee Jofa

材质：亚麻、人造丝

　　在素雅的卧室空间中需要一些活跃的图案来提升气氛，面积不用很大但是要时尚、美丽。这款来自Lee Jofa的多彩雪弗龙图案就具备了这种效果，它被用在单椅的包布上，增添了空间的视觉变化。

奶油色

品牌：Lee Jofa

材质：亚麻

　　卧室的床头板使用了来自Lee Jofa的亚麻布料，温暖的奶油色与环境颜色十分搭配，并自然地延伸到地毯上，让空间呈现一片温馨的感受。

挪威森林的隐喻 *Metaphor of Norwegian forest*

藏在内心最深处的秘密，多少有种微妙感觉。它仿佛与爱情有关，年轻却略带伤感，又像一个富有流浪气质的诗人。在现代人的理想国里，挪威的森林已然成了一个精神符号，每个人都有属于自己的一片森林，也许从来不曾去过，但它一直在那里，总会在那里。迷失的人迷失了，相逢的人会再相逢。

云纹

品牌： Kravet

材质： 纯棉

空间中的窗帘使用了来自Kravet的云纹图案。这款纯棉面料色彩清新淡雅，和环境的颜色十分匹配，而云纹图案充满了东方的古典美，提升了空间品位。

鸽子灰

品牌： Wayfair

材质： 聚酯纤维

空间中的多人沙发使用了鸽子灰色的聚酯纤维布料。它在空间中显得低调素雅，也因为灰色的百搭特性，让它很容易与周围色彩融合。

特洛伊网格

品牌： Thibaut

材质： 纯棉

单人沙发使用了米色纯棉布料，编织的几何图案呈网格状排列，既充满趣味性，也充满立体感。

莱拉花卉

品牌： Kravet

材质： 纯棉

以几何和单色为主的布艺搭配中总少不了花卉图案的介入。这款来自Kravet的纯棉印花布料使用柔和的色调将古典花卉呈现出来，使其在鸽子灰色的沙发上显得与众不同。

5　巴黎式高雅

　　巴黎是浪漫之都，也是时尚之城。这里汇聚着来自四面八方的最新潮流，将美推向极致。这里也是自由和休闲的天堂，艺术而又自在的家居生活，展现出一种法国贵族式的休闲风，清新而淡雅。在繁忙的都市中享受闲情雅致的慢生活，这是许多为生活所累的人梦寐以求的，这种追求不妨从家居设计开始。

冰激凌童话　　　　　海上私语

秋日阳光　　　　　　寂寞烟花

灼灼其华　　　　　　金色年华

都市蓝调

摩登时代

梦中婚礼

月亮河

魔幻山谷

温柏树之恋

托尼·班奈特的情书

圣爱美侬的情话

冰激凌童话 *Ice cream Fable*

　　童年时期对于冰激凌的渴望，成为这个方案的灵感来源。代表纯真的白色，代表生命力的绿色，代表热情的红色，一同沉入了梦幻的冰激凌世界，旋转着滑向远方。这份童年的美好记忆，在今天依旧无法忘怀。

伊卡特纹

品牌：Dedar

材质：亚麻、棉、丝绸

　　彰显高贵的白色成为空间的基础色，而华丽的金色成为勾勒空间的线条。古典和现代混合的家具见证都市的雅致。单椅使用了伊卡特的花纹图案，亚麻、棉与柔软的发光丝绸相结合，采用提花织物的形式，色彩和质地细腻渐变，带来独特的视觉冲击力和新鲜感。

亮白色

品牌：Dedar

材质：化纤

　　客厅沙发的布料来自Dedar的平纹编织，采用了高贵的亮白色，与环境融为一体。红色的点缀在亮白色的衬托下显得极其高雅醒目。

纤细条纹

品牌：Kravet

材质：化纤

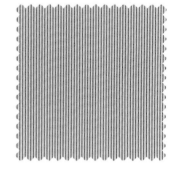

　　在书房的沙发上除了使用同款的白色靠包作为点缀之外，还加入了细条纹图案的靠包装饰。蓝白相间的细条纹充满了古典气质，同时也为空间增添了变化。

秋日阳光 *Autumn Sun*

秋日的阳光总是温和得让人觉得时间都似乎静止了，不愿多想，不愿多动，只想沉静地坐在阳光中，轻轻地闭上双眼。空间被热情的黄色所浸染，那些绚丽的花朵，抓住秋日的最后时光尽情绽放，而隐匿其中的还有亭台楼榭以及东方的婉转优雅。

天井

品牌：Lee Industries

材质：聚酯纤维、亚麻、粘胶纤维

短而浓密的绒毛和华丽的质地赋予这款精美的几何图案面料以美感。而几何图形充满了图腾意味，它用于沙发的包布，在一片明亮的黄色世界中，带来相对沉稳却又个性十足的视觉感受。

西格尼

品牌：Quadrille

材质：亚麻、棉

客厅最为醒目的莫过于来自Quadrille的几何图案。这款在白底上绘制明黄色抽象图案的面料，像绽开的花蕊，又像辐射的光线，充满了张扬的个性和艺术感。它被用于窗帘布艺上，和墙纸成为一体，带给空间温暖和活力。

南京

品牌：Schumacher

材质：亚麻

优雅的古典园林以一种非常现代的笔触被刻画出来。生动、形象的树木，曲折的镂空围栏，大小不一的亭台楼阁，将东方神韵用现代的手法表现出来。这款亚麻布料用在靠包上，为空间带来东方的雅致韵味。

灼灼其华 *Blossom*

红色，热情而欢快。在浅色调的家居空间设计中加入红色元素，可以带来极大的愉悦感受。如同这套方案所展现的一样，中国红的加入打破了云灰色与亮白色共同营造的静谧氛围，让整个空间多了些许灵动与欢快气息，使空间的氛围变得轻快起来。整体观之，鲜艳的红色于淡雅的色调中极其突出，让人不禁想起"一枝红杏出墙来"的满园春色之景。

东方乐园

品牌：Quadrille

材质：亚麻、棉

云灰色的卫生间里，使用了来自Quadrille的棉麻窗帘。窗帘图案是经典的中国风题材，红白配色显得优雅且落落大方。

蒙特西托

品牌：Quadrille

材质：亚麻、棉

这款来自Quadrille的棉麻材质靠包使用了精彩的现代几何图案，看起来生动活泼。摆放在空间中的单椅上时可以和环境色完美地融合，同时又独具魅力。

都市蓝调 *Urban Blues*

　　时尚的都市需要用优雅的蓝调来搭配。美从来不是问题，风韵才是它的腔调。当扶手椅采用深蓝色天鹅绒装饰，呼应着那幅引人注目的艺术挂画；美丽的亚麻窗帘从天花板柔软地垂到地面，其和谐而自然的色调搭配出一个现代感十足的简约空间。

卡帕里编织

品牌：Brunschwig & Fils

材质：化纤

房间主人被大胆的蓝调所吸引，自然光照亮了墙壁，公寓非常明亮，地毯和墙壁都是柔和的灰色。来自 Brunschwig & Fils 的格纹图案用于窗帘装饰，精致的图案与柔和的色调为空间带来清新、时尚的感觉。

清池色

品牌：Fabricut

材质：天鹅绒

客厅中的一对扶手椅包布用的是Fabricut天鹅绒面料，高贵、美妙的清池色和墙壁上悬挂的马耳他抽象画在色彩上形成呼应，一同成为空间中时尚、亮眼的焦点。

冰川灰

品牌：Fabricut

材质：亚麻

客厅墙面使用了柔和的灰色调，而沙发采用了亚麻材质的冰川灰。同为灰色系，因为色阶以及材质的不同而形成了鲜明的对比。这种对比增强了空间的层次感。同时，百搭的灰色很好地衬托了清池色的华丽与时尚感。

摩登时代 *Modern Times*

　　热情迸发的摩登时代走出了战争的阴霾，更为珍惜生活、珍惜生命。用热情的色彩装饰空间，在爱马仕橙的背景下，带来时尚、前卫的感受。帝国黄靠包在黑色沙发的衬托下更为醒目；作为互补色的浅紫色灯罩紧抓空间的重心；白色的窗帘，一袭素雅，让空间色彩更为平衡。

现代围墙

品牌：Lee Jofa

材质：棉、亚麻

在这个橙色的客厅里，两把20世纪50年代的意大利休闲椅由Lee Jofa的天鹅绒面料装饰，使用了经典的几何图案与特殊制作工艺，更增添了时尚与个性。

魅影黑

品牌：Kravet

材质：丝绒

空间里的多人沙发使用了Kravet的丝绒面料，魅影黑的色彩与亮白色窗帘形成鲜明对比。在色调上也与橙色的明亮色调形成对比，形成很好的明暗关系，使空间变得更为时尚。

亮白色

品牌：Dedar

材质：丝、棉

窗帘使用了轻盈、透亮的亮白色，丝、棉的材质，无论是光泽还是垂感都给人带来愉悦感。亮白色与空间的橙色是经典搭配，可以很好地烘托橙色，同时又充分留白，有效地控制橙色的使用面积。它还与黑色的沙发形成强烈对比，增加空间的视觉张力。

梦中婚礼 *Marriage D'amour*

　　婚礼是婚姻中最幸福的时刻，对于婚礼的渴望让人日思夜想，它浪漫至极，甜蜜无限。那一刻，和煦的阳光洒满大地，空气中充满鲜花的芬芳。墙壁被时间悄悄打上光影，如梦如幻。窗帘的裙摆微动，拂卷起的是浪漫印记。

卡洛

品牌：Quadrille

材质：亚麻

　　墙壁做了三维亚光白色石膏的波浪处理，在这个房间里，你可以感受到它的运动起伏。而客厅里的扶手椅包布使用的是来自Quadrille的亚麻布，精致、优雅的蓝色几何图案增强了立体感，呼应了空间特性，从色彩上也与白色的背景完美搭配。

白鹭色

品牌：Quadrille

材质：亚麻

　　客厅的多人沙发使用Quadrille的白鹭色亚麻布，淡淡的黄色与白色的空间背景非常协调，可以起到很好的烘托氛围的作用。

雪弗龙纹

品牌：Brunschwig & Fils

材质：丝

　　在白鹭色的多人沙发上，摆放了一对精致的丝绸靠包。这款充满艺术感的雪弗龙纹和上方的挂画一样成为空间瞩目的焦点。色彩上，它延续了空间中的蓝色调，与白色的环境一同构成了雅致、时尚的家居格调。

月亮河 *Moon River*

深蓝色的夜空静谧而深邃，一轮圆月高挂其中，俯瞰苍穹。璀璨的星星汇聚成河，有序地排列着，绵延到无限。这个案例带来了月夜之美，几何图案在蓝色的背景下跳跃涌动，让人仿佛置身星河，安然入梦。

摩尔纹瓷砖

品牌：Designers Guild

材质：亚麻

在深蓝色的背景下，卧室窗帘和高大的床头板使用了来自Designers Guild的多色印花亚麻布，这款醒目的摩尔纹瓷砖图案带有微妙的竹节感觉和自然气质，而明亮、活泼的色彩也打破了单一、深沉的背景色。

精致条纹

品牌：F&P Interiors

材质：亚麻、丝、化纤

卧室的床裙采用了F&P Interiors的精致条纹图案，而明亮的色彩与窗帘的颜色近似。条纹的优雅与秩序感让空间显得更加活泼时尚。

夜空穿越

品牌：Andrew Martin

材质：亚麻

在深蓝色的布料上画着月亮和散落的星星，它们成为图案中的波点。这些沉静的月亮衬托着夜空的平静与深邃，而如果你仔细观察，会看到月亮的另一面。这款有趣的亚麻布料用在了靠包上，起到画龙点睛的作用，让你随时都有惊喜。

魔幻山谷 *Magical Valley*

穿越迷幻之门，是光的折射，是水面的倒影，让一切变得模糊与虚幻。几何图案成为沟通现实与魔幻的入口。还没有哪一种红能够如此低调而雅致，它既是山谷中嶙峋的岩石，又是肥沃的泥土，它的质感让人对土地爱得深沉，它赐予生命，也带来希望。

阿兹台克

品牌：Bennison

材质：亚麻、棉

没有什么比一个带有仪式感的卧室更舒服的了。这里充满了时尚和戏剧的张力，而这种感觉的来源恰恰是床头板上来自Bennison的炫彩菱形图案包布。明亮而俏皮的面料和周围沉稳的暗红色形成了强烈的冲突。

暗红色

品牌：Andrew Martin

材质：亚麻、棉、化纤

卧室的墙面以及窗帘都使用了Andrew Martin的暗红色亚麻布。这款布料拥有细致的暗纹，在彰显品质的同时，也让平面看上去更有质感也更为立体。空间的整体氛围因暗红色的大背景而显得更为典雅、庄重。

温柏树之恋 *Love of the Quince*

在烛光下，丝绸质感的窗帘泛着亮眼的光芒，紫红色带来爱恋与热情的气质。餐厅中使用令人眼花缭乱的温柏树图案壁纸，为空间带来春天的气息；而紫红色的餐椅与窗帘形成色彩的统一。如此炫目的色彩搭配，是个相当大胆的设计。

萨拉纳刺绣

品牌：Schumacher

材质：亚麻、棉、化纤

　　餐厅中使用了复杂的温柏树图案壁纸，玫红色的餐椅与窗帘形成色彩的统一。餐椅的包布由Schumacher提供，这些疯狂的颜色用在传统的餐桌椅上，令它们看起来永远新鲜。漂亮的几何图案抑制了温柏树的肆意生长，将空间的重心转移到色彩上。

紫红色

品牌：Kravet

材质：棉、丝

　　使用紫红色的窗帘是对抗让人眼花缭乱的温柏树壁纸的大胆尝试。这是一个非常有魔力的、令人惊奇的画面。在光线的照射下，丝绸窗帘闪耀着点点光芒，好似波光粼粼。

托尼·班奈特的情书 *Tony Bennett's love Letters*

托尼·班奈特的歌声深情浓郁，一首首歌曲犹如一封封有声
情书。他的舞台形象风度翩翩、优雅大方，在举手投足之间散发
着爵士乐即兴和切分节奏的魅力。他的风格在家居中的体现莫过
于用鲜艳且优雅的花卉搭配蜿蜒而充满秩序感的几何图案，两者
的交汇带来浓浓的诗意。

帕兰波雷花卉

品牌：Scalamandré

材质：亚麻、粘胶纤维

　　卧室的床头板和靠包使用了帕兰波雷花卉的图案花纹，这是18世纪至19世纪初印度的出口商品，只有最富有的阶层才能买到这种昂贵的布料。它的图案通常非常复杂和精致，描绘了各种各样的植物和动物，包括孔雀、大象和马。由于是手绘创作的，每件设计都独一无二。

瑞克之字纹

品牌：Kit Kemp

材质：亚麻

　　卧室空间的窗帘使用了来自Kit Kemp的锯齿纹条纹，这是一款大胆的图案，可以抵消奥维多刺绣较为繁复的设计。它可以为任何空间带来时尚现代的风格体验。

西莉亚纹

品牌：Romo

材质：粘胶纤维、棉

　　卧室的单椅采用了Romo的奥维多面料，这是来自摩洛哥的提花织物，通过刺绣带来复古的镂空效果。它经常采用大胆的色彩，可在任何空间营造出清新、温馨的氛围。

圣爱美侬的情话 *Whispers of St-Emilion*

世界上总有那么几个地方属于爱情，你知道的爱情海、布拉格、维罗纳，或者你未必知道的圣爱美浓小镇。大西洋的海风吹进波尔多，圣爱美浓小镇在低缓的山岗上接受海水和阳光的爱抚，甜蜜得如一颗卡娜蕾。这是一座20世纪30年代的庄园，它既是优雅的画廊，可以举行沙龙派对，同时也是一个可以轻松阅读的好地方。

洛可可之趣

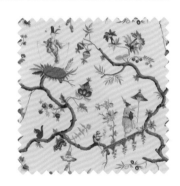

品牌：Le Manach

材质：纯棉

两张定制的沙发都使用了Le Manach的古典中国风图案。这种图案最早出现在300年前的法国宫廷，成为洛可可时期的宠儿。它的图案既具有洛可可的柔美和艺术感，同时也有对东方世界的印象。它们经历了数百年的洗礼，在今天的家居中依旧魅力十足。

蜂蜜色

品牌：Holland & Sherry

材质：天鹅绒

空间中的窗帘使用了Holland & Sherry的天鹅绒面料，它与饰有流苏的帷幔布料相同，而与覆盖沙发椅的布料形成鲜明对比。在灰色的背景下，这款蜂蜜色的布料显得高贵、稳重。

火红色

品牌：Jim Thompson

材质：丝

在画廊的中央摆放着圆桌，桌面覆盖着Jim Thompson的火红色丝绸桌布。它成为空间中最为醒目的色彩，呼应着红色中国风图案的沙发。它让整个空间充满古典的贵族气息，同时也充满时尚、优雅的韵味。

海上私语 *Whispers At Sea*

低调、深沉的深灰蓝空间加入绝美中国红，内敛中蕴含无限张力，对比色运用十分吸睛。繁复、高贵、优雅的大马士革图案已成为欧洲装饰艺术的经典图案之一，写意的花卉纹塑造出细腻、华丽的雅致风格，淡雅中彰显经典的辉煌大气，营造出舒适、典雅的家居氛围。

大马士革花纹

品牌：Schumacher

材质：亚麻

　　窗帘和靠包使用了灰蓝色大马士革花纹布艺，将高贵与优雅完美呈现。同时，写意的花卉纹样塑造出细腻、华丽的雅致风格，淡雅中彰显经典的辉煌大气，统一调性中蕴含着丰富的空间层次感。

火红色

品牌：Schumacher

材质：棉、化纤

　　在深蓝色的客厅中，沙发使用了来自Schumacher的火红色布料，让空间看上去时尚、高雅，而且和墙上的挂画在色彩上形成呼应，平衡了原本突兀的冷暖调性。

索非亚钻石

品牌：Schumacher

材质：亚麻、棉

　　来自Schumacher的索非亚钻石图案是一种精致的小型几何图案，采用亚麻和棉制成。精妙的变化是其独特的美感所在。而粉红的色彩则带来时尚、优雅的气质。

达德利纹

品牌：Schumacher

材质：纯棉

　　火红色沙发上的靠包，使用的是Schumacher的达德利纹传统图案，它是一款灵活多用途的人字纹印花。小型图案的重复使其成为大规模图案的完美搭档，生动而新鲜。

寂寞烟花 *Fireworks*

寂寞的夜空里有烟花在绽放，转瞬消失在苍茫夜色中。房间里还有残留的红酒，此刻人还沉睡在沙发上。烟花易冷，也许只有橙色的碎花飞叶，才能唤起自然的轻柔与温暖。在繁与简、动与静、冷与暖中，品味雅致人生。

喀拉拉纹

品牌：Cowtan & Tout

材质：棉、化纤

　　卧室的沙发使用了蓝底的几何图案。这款来自Cowtan & Tout 的布料具有强烈的异域风情，上面的人字形几何图案仿佛是远古时期人类在岩石上的绘画，讲述着言语不详但又神秘的内容。

飞叶

品牌：Kit Kemp

材质：亚麻

　　卧室的单椅使用了来自Kit Kemp的亚麻布料。代表时尚、奢华的爱马仕橙作为布料的底色，上面印有用白色线条勾勒的花叶，突出了优雅而炫酷的主题。

金色年华 *Golden Age*

像无声的黑白电影般，在经年后的一个黄昏一幕一幕重现。金色的阳光洒满卧室，藤蔓爬上墙壁，开出娇羞的小花。年轻时的种种愉悦，就在这一角斜阳中、半轮灯光下默默流淌。

金尼卡特花卉

品牌：Sister Parish

材质：棉、亚麻

卧室的墙面和沙发都使用了金尼卡特花卉进行装饰。它是一款以设计师名字命名的经典印花图案，它的花型尺寸非常适合用于窗帘和室内装潢。其淡雅的图案、温馨的色彩和空间整体环境融为一体。

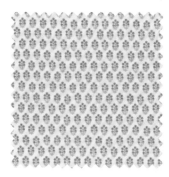

德文希尔

品牌：Jasper

材质：亚麻

卧室的靠包和床尾凳使用了来自Jasper的亚麻布料进行装饰，在淡黄色的布料上整齐排列着精致、细小的花卉图案，它们都使用了珊瑚色和绿松石色，规则地排列着。与空间中的大型花卉形成了对比和补充。

马拉喀什纹样

品牌：Carleton V

材质：丝

卧室的床头板包布使用的是Carleton V的丝绸材质。而上面的图案是充满民族风情的伊卡特图案，蓝色图案在淡黄色的空间中显得格外雅致。

中国灯笼

品牌：Lee Jofa

材质：亚麻

这款古典而充满东方魅力的风景图案，是来自Lee Jofa的中国灯笼。虽然在西方人眼中经常把日本和中国搞混，但是它们都传达了来自东方世界的美学。繁复的图案适宜在空间中作为点缀。

6 荒原印象

　　自然是家居灵感的重要来源，而荒原则带来了不一样的审美情趣。这里是大地色系的天堂，泥土与岩石、森林与野草纵横交错。它们孤独而粗粝，它们厚重而气势磅礴。设计师将荒原印象带入家居，我们看到的是材质的融合与色彩的协调。少了张扬和特立独行，在接地气的同时不失生活的优雅。

波浪谷　　　　　　旷野

荒漠甘泉　　　　　隐蔽的树

驯化之路　　　　　风与木之诗

斑马家园

闲情偶记

春归处

故乡

丝绸之路

塔什干的午后

奥斯汀书房

波西米亚之歌

波浪谷 *The Wave*

波浪谷是由数百万年的风、水和时间雕琢而成的奇妙世界。漫长的风蚀、水蚀将峡谷里砂岩的层次逐渐清晰地呈现出来。平滑的、具有雕塑感的砂岩上，流畅的纹路创造了一种炫目的三维立体效果，而这个卧室的设计从色彩和材质的使用都宛若波浪谷的自然印象。

佛罗伦萨几何纹

品牌：Lee Jofa

材质：亚麻、棉

温馨宜人的卧室中，床头板和床裙使用了Lee Jofa的佛罗伦萨几何纹布料，这款棉麻材质的布料使用了现代的几何图案，和空间墙纸的颜色相似，进一步烘托空间气氛的同时也带入了现代时尚的感觉。

雷米花卉

品牌：Jasper

材质：亚麻

卧室床尾凳的设计充满了田园情调，竹节的框架上使用了来自Jasper的亚麻包布，深青色的花卉图案采用了古典绘画方式，优雅而沉静，和空间温暖的颜色形成了冷暖对比，而图案也丰富了空间的视觉感受。

荒漠甘泉 *Streams in the Desert*

眼之所见，此生难忘。倘若站在无边的荒漠中，迷失方向，而一道甘泉出现在眼前，顿觉清冽而甘甜。这一刻，应该感谢命运的眷顾，为这样瑰丽奇异的世界，也为有机会体验绝境风光。

拉塔普兰

品牌：Dedar

材质：亚麻

    在大地色调的卧室里，窗帘使用了Dedar的蓝色条纹亚麻布料。这款简单的图案灵感来自俄罗斯芭蕾舞大师的服装。亚麻的质感增强了空间的品质，而蓝色调很好地平衡了空间的冷暖感受。

沙色

品牌：Andrew Martin

材质：棉、粘胶纤维

    卧室的床头板使用的是Andrew Martin的沙色布料，和空间背景色近似，通过材质体现空间的层次感。细微的暗纹让你回想起粗花呢西装外套的质朴与优雅。

驯化之路 *The Road of Domestication*

　　灵感来自大地，野兽在荒原上奔跑，而树木纷纷倒下，岩石被烈日暴晒。这时的家园一片苍白，浪漫的驯鹿人走在鲜花盛开的荒原上，曾经的狂野被爱感化，那一刻，人与兽相依为命。

伊斯梅利亚

品牌：Pierre Frey

材质：纯棉

客厅的长椅使用了Pierre Frey的纯棉布艺装饰。虽然Pierre Frey公司不常做动物印花，但这款长颈鹿图案仍旧带来了让人震撼的效果。充满趣味的图案被花卉分割，既充满自然感觉又带有南亚风情，和空间的自然格调完美搭配在一起。

红褐色

品牌：Schumacher

材质：天鹅绒

客厅的多人沙发使用了华丽的天鹅绒面料进行装饰。尊贵、大气的红褐色加上奢华的质感，使沙发拥有了令人难以置信的丰富手感，美妙的光泽和色彩使它适用于任何风格或情绪。

本德洛克格纹

品牌：Rogers & Goffigon

材质：羊毛

沙发前面摆放的榻几，使用了格子花呢的布料，充满了古典绅士的气质，同时，这款面料也给空间带来了高贵的感觉。

虎皮纹

品牌：Scalamandré

材质：丝、棉、化纤

Scalamandré 的这款虎皮纹天鹅绒是如此奢华和温暖，它被用在长椅的靠包上，充满华丽的野性美。

斑马家园 *Home to Zebra*

在中性色调的空间里，纹理和图案共同作用带来舒适、温馨的感受。墙面用壁布装饰，以突出立体质感。轻薄的条纹窗帘搭配同样色调的沙发，而华丽的斑马纹皮革为空间注入了野性与奢华的元素，提升了空间品位。

托斯卡纳

品牌：Lulu DK

材质：化纤

　　客厅的窗帘使用了Lulu DK的托斯卡纳，这款轻薄的条纹面料具有很好的垂感，而且和充满质感的墙布相互协调。

可可花呢

品牌：NOBILIS

材质：棉、化纤

　　客厅的单人沙发使用了来自NOBILIS的格纹布艺。从色彩上看，它与环境颜色都是中性色调。而从效果上看，这款布艺充满质感和立体感，丰富了空间层次。

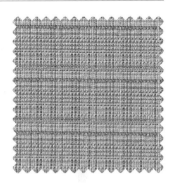

小型人字纹

品牌：SAHCO

材质：棉、聚酯纤维

　　客厅中的多人沙发采用了来自SAHCO的面料。它是双色人字形斜纹织物，结构粗糙，是一种耐磨的室内装饰面料。通过将棉花与聚酯纤维混合，从而获得轻微的光泽。

斑马

品牌：Kravet

材质：皮革

　　客厅中最为醒目的还是榻几的设计。它的外观采用了复古的设计，而在装饰上，使用了Kravet的斑马皮革装饰，既具有奢华感，又能与中性色调融合。

闲情偶记 *Sketches of Idle Pleasure*

午后的阳光从宽大的玻璃窗照射进来，此时的室内显得更加温暖。格子天花板和内置橱柜增加了建筑纹理，为小而低的空间带来了亲密感。经典的蓝白配色带来了新英格兰海滩的感觉，搭配着不同寻常的图案。羊毛地毯看起来平坦、舒适，上面摆放着中国风的咖啡桌和墩椅，传达着旧世界的优雅感觉。

马可波罗

品牌：Lee Jofa

材质：亚麻、棉

在这个小空间里，设计师想把带图案的布艺用于窗帘，充满个性的伊卡特图案生动、有趣，仿佛流动的图案，在那里静静地吸引着你的注意力。飘窗的墙壁上使用了淡蓝色壁布装饰，与窗帘一同构成了柔和的家居氛围。

橄榄绿

品牌：Fortuny

材质：羊绒、棉

客厅的扶手椅使用了Fortuny的橄榄绿色羊绒面料，它具有柔软的触感、微妙的光泽，以及良好的耐用性。它与空间背景搭配，展现了海滨的宁静氛围。

春归处 *Return of Spring*

如果想让家居在充满自然之美的同时具备优雅、高贵的感觉，那么这套方案是最佳选择。它在灰色与白色的背景下，大胆地使用了栩栩如生的动物挂画，在植物主题的布艺的衬托下，两种自然元素完美融合，共同营造了春回大地、万物复苏的景象。

繁茂之地

品牌：Brunschwig & Fils

材质：棉、亚麻

这是一座老房子，里面的管道设施往往会造成墙面的不平整。设计师用一系列17世纪的鸟类挂画装饰这些地方。而一对Hickory品牌的扶手椅采用Brunschwig & Fils棉麻混纺面料制成。上面茂密的植物叶子带有丛林的感受。

安达卢西亚

品牌：Carolina Irving Textiles

材质：亚麻

客厅的单人沙发使用了Carolina Irving Textiles的亚麻面料，活泼的几何图案像张开的花瓣，紫色图案在蒂芙尼蓝背景的衬托下，显得高贵而醒目。

影子条纹

品牌：Lee Jofa

材质：亚麻

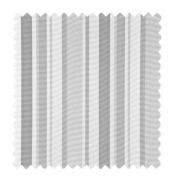

沙发上的靠包使用了Lee Jofa的大地色调的亚麻条纹，和沙发包布的色调保持一致，充满了优雅的生活气息。

故乡 *Hometown*

　　大地色代表着生命和希望，也代表着故乡的味道。对于客居他乡的人来说，用植物装饰的房间仿佛有重回故乡的感觉。穿过无边的田野，行走在阡陌之上，看到熟悉的村落，听到久违的乡音。那些在微风中摇曳的花朵，不就是童年的记忆吗。

萨马尔罕

品牌：Brunschwig & Fils

材质：棉、亚麻

　　客厅中最为醒目的面料是来自Brunschwig & Fils的萨马尔罕。这款布料图案有趣，充满异域风情，而色调上也与空间的大地色调一致。它的图案很容易成为空间的焦点，因此被用于桌布和靠包的装饰上。

玄黄色

品牌：Manuel Canovas

材质：亚麻

　　客厅的沙发包布使用了Manuel Canovas的玄黄色亚麻布。这款布料色调柔和、温暖，与环境的颜色都是大地色，能够很好地融合在一起，同时也起到很好的衬托作用。

亮白色

品牌：Dedar

材质：丝、棉

　　客厅墙面使用了淡黄色的涂料，而窗帘则选用来自Dedar的亮白色面料，再搭配植物编织的草帘，形成了强烈的怀旧气息。

丝绸之路 *Silk Roads*

漫长的丝绸之路，一路向西，有着多少的天方夜谭。新的文明开拓着我们的眼界，奇妙的画卷缓缓展开。这个客厅的设计具有强大的想象力，它的墙面是枝繁叶茂的黑暗树林，散发着淡淡的花香。白色石膏雕塑在黑色墙壁的衬托下格外醒目。而充满异域情调的布艺装饰着沙发和靠包，当人类学、植物学和异域风情混搭在一起的时候，我们看到的是充满趣味的美妙家居。

丝绸之路

品牌：Carleton V

材质：纯棉

　　这个充满异域风情的客厅中最为吸引人的就是这款用于沙发的布料。这是一款来自Carleton V的纯棉布料。它的图案内容反映了丝绸之路上的美妙风景和人物百态。它是设计师为了柔化空间并使其更加女性化而特意挑选的。

日和图案

品牌：Carleton V

材质：亚麻

　　沙发上的靠包使用了来自Carleton V的亚麻布，这款充满异域风情的几何布样搭配丝绸之路的布料，带给人一种兼具怀旧和自然的混搭气质。

沙色

品牌：Fortuny

材质：亚麻

　　客厅的沙发选用了来自Fortuny的亚麻包布。这款沙色的包布看起来温暖、柔和，与黑色的墙面形成鲜明对比，同时又和地毯的颜色近似，衬托了单人沙发的精彩。

塔什干的午后 *Afternoon in Tashkent*

塔什干曾是丝绸之路上的明珠，也是世界的十字路口。它的北面是草原民族，东面是东方文明，西面是希腊、罗马，南面则是印度。各种文化和宗教交汇于此，碰撞出了奇妙的世界。在这个空间中，有来自塔什干的饰有蜀葵图案的沙发，有来自撒哈拉沙漠地区的地毯，还有法式家具。这些不同地区、不同风格的物品，沐浴在午后的阳光中，形成了一种新的和谐画面。

无花果

品牌：Raoul Textiles

材质：亚麻

　　这个客厅的布艺主题集中在田园植物，而图案则强调了柔和的异国情调。可爱的无花果图案与大地色调融合，带来浓厚的田园气息。

塔什干蜀葵

品牌：Robert Kime

材质：丝

　　靠窗摆放的扶手椅使用的是Robert Kime的塔什干蜀葵图案，这款源自中亚地区的植物图案正好与空间的田园气质吻合，而且还带有独特的文化内涵。

紧密条纹

品牌：Robert Kime

材质：亚麻

　　条纹图案，静悄悄地展现在单椅的包布上。在以植物为主的空间里，为大的花形图案中加入一些细小的条纹图案，既可以平衡空间视觉，又有优雅、古典的感觉。

杜帕塔

品牌：Raoul Textiles

材质：亚麻、棉

　　在以植物为主题的布艺中搭配了优美的几何图案，这款矩形的图案精致优雅、让人心醉。它用在了靠窗的长椅上，吸引人走到窗前，坐在上面享受午后的阳光。

奥斯汀书房 *Study of Austin*

简·奥斯汀在《傲慢与偏见》中讲述了一个经典的爱情故事，同时也向我们展示了英国田园的美丽风景。绿意盎然，丘陵起伏，勾勒出柔美的线条，古典而封闭的小镇点缀其中。这间书房充满了古典情调，绿色装饰充满了勃勃生机，经典的条纹装饰带来了古典的优雅韵味。

车道条纹

品牌：Quadrille

材质：亚麻、棉

    阳光房采用了绿色装饰，在充足的日光下带来活跃的气氛。摄政风格的椅子采用了与罗马色调相同的Quadrille棉质条纹图案，搭配下面的剑麻地毯，显得古典而优雅。

亮白色

品牌：Dedar

材质：化纤

    充足的阳光下，绿色的木作装饰焕发着勃勃生机，而空间中的沙发则采用了Dedar的亮白色包布进行装饰，它与绿色成为经典搭配，在衬托绿色的同时，显得优雅、纯净。

波西米亚之歌　*Bohemian Songs*

　　追求自由的波西米亚人在浪迹天涯的旅途中形成了自己的生活哲学。它象征着拥有流苏、褶皱、大摆裙的流行服饰，更是自由洒脱、热情奔放的代名词。家居中的波西米亚风格代表着一种浪漫化、民俗化、自由化、反传统的生活模式。浓烈的色彩和丰富的图案带给人强烈的视觉冲击。

藜芦

品牌：Brunschwig & Fils

材质：棉、亚麻

　　这是一款具有民族风情的棉麻印花布。它的基础色调和墙面一致，而红蓝色的图案呈现有序的几何排列，即鲜明又不显得混乱。它被大面积用在沙发和窗帘上。

深蓝色

品牌：Kravet

材质：丝绒

　　这款Kravet的丝绒面料采用了高贵的深蓝色，用于单人沙发包布和靠包上，具有冷静的古典气质。

兰贾尼

品牌：Kravet

材质：亚麻

　　空间角落的餐椅使用的是Kravet的亚麻材质，从配色和图案上看，和沙发、窗帘的布艺属于同种类型，不同的是这款布艺更加抽象，也更加优雅。

多元世界

品牌：Kravet

材质：纯棉

　　这款纯棉布艺用于空间中摆放的坐垫，令人眼花缭乱的图案充满异域风情。

旷野 *Wilderness*

　　浅绿色的壁布装饰着卧室的墙面，其强烈的粗糙感如同旷野中的荒草，给人斑驳的感觉。而浆果色的花卉图案，在荒野上绽放，被风吹拂着轻轻摇曳。棕色的地板、茶几以及床头包布，都显露出大地的色调，整体空间带给人厚重且温馨的感觉。

萨克鲁花卉

品牌：Kravet

材质：亚麻

　　这款个性的印花图案是空间中的焦点，古典而精致的花卉用于窗帘、沙发和靠包上。它与浅绿色的背景形成鲜明对比，也和空间素雅的色彩形成对比，它让平静的空间变得活泼起来。

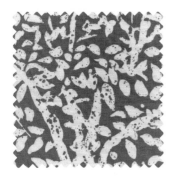

吕塞特印花

品牌：Schumacher

材质：亚麻

　　床上装饰用的靠包图案使用了Schumacher的亚麻布料，这款植物印花图案色调柔和、花型细小，和窗帘、沙发的图案形成对比并相互补充。

冰咖啡色

品牌：PINDLER

材质：棉、化纤

　　卧室床头板的包布采用了冰咖啡色，这款面料质感很强，而大地色调与卧室环境很好地融合在一起，显得沉稳大气。在它的衬托下，花卉图案得到了很好的突显，让空间层次感更强。

隐蔽的树 *Hidden Tree*

当精致与粗糙结合，都市与田园混搭的时候，整个家居呈现出非常有趣的韵味。客厅的天花板使用粗糙的木料作为横梁的装饰，多了一些蛮荒的感觉。而古典家具让格调更显舒适和华丽，当Bennison的青藤装饰了沙发和脚凳之后，空间中隐藏的荒原气息便逐渐地显露出来。

青藤

品牌：Bennison

材质：亚麻

　　空间中最为醒目的莫过于Bennison的青藤图案，单人沙发及其脚踏都使用了这款布艺装饰，含苞待放的花朵和伸展舞动的枝叶刻画着生命的韵律，一如青春绽放时的无可阻挡和勃勃生机。

条纹

品牌：C & C Milano

材质：亚麻

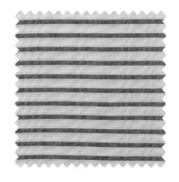

　　客厅的多人沙发采用C & C Milano的亚麻布，红白的条纹配色使其显得古典而悠闲。它与绿色花卉图案形成鲜明对比，一则奔放，一则内敛。

湖水绿

品牌：Kravet

材质：雪尼尔

　　客厅中的榻几使用了Kravet的湖水绿布料。这种古典的色彩刚好与古典的造型相匹配，给质朴的空间带来古典的优雅气质。

风与木之诗 *Rhythm of Wind and Wood*

当风吹过草原，傲然挺立的是一株株倔强而顽强的树木。此时，不论是棕色的泥土还是灰色的岩石，都显得孤独而寂寞。这是一间西班牙风格的卧室，天花板用木料装饰，可以看到风雨斑驳的印记。经典的四柱床用印有传统生命树图案的布艺做帷幔，当风从高大的窗子吹入，带来远处青草的气息。

生命之树

品牌：Martyn Lawrence Bullard

材质：聚酯纤维

定制的四柱床与房间周围的黑白色调形成温暖的对比。而此时，生命之树的床幔带给空间温暖、柔美的感受。这些叶子和蜿蜒的枝蔓带来生命的律动，而温暖的色调也成为荒原中的抚慰。

多贡条纹

品牌：Jasper

材质：亚麻、棉

卧室的床尾凳，使用了Jasper的棉麻材质的条纹图案。黑、白、灰的精细条纹带来厚重感，也带来绅士的气质。

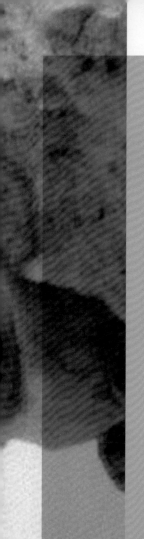

7　现代艺术

　　家居是时代精神的体现，时代潮流经常会在家居中得到反映，不论是从材质、色彩还是装饰品，都反映着时代的变迁。现代艺术的家居可以用大胆和抽象来概括。用色大胆，一些明快、华丽的色彩经常大面积地出现在空间中；用材大胆，经常会使用最新、最流行的家居材料进行装饰。而抽象则体现在图案和装饰上，设计中经常使用几何图案以及线条感强烈的装饰材料，而家居饰品也都经常使用抽象的作品来表达。

水晶鞋之恋　　　　　几何空间

蓝色光年　　　　　　都市现代美学

焕彩人生

南方公园

蓝色毕加索

极光

名流派对

冷雨都市

中世纪归来

午夜薰衣草

白夜行

水晶鞋之恋 *Romantic Love of Crystal Shoes*

美丽、善良的灰姑娘和英俊的王子在童话世界相遇。而现实中，同样期许着这样美丽的邂逅。在被热情、明亮的黄色包围的空间里，既有带来古典宫廷韵味的法式中国风壁纸，也有带来奢华野性美的豹纹图案。神秘有趣的几何图案搭配充满卡通性质的艺术挂画，为你带来现代艺术之美。

经典豹纹

品牌：Schumacher

材质：亚麻

在这个热情、活泼的空间中，窗帘和帘头都使用了Schumacher的经典豹纹图案。为了与环境融为一体，这款精致的亚麻布料使用了明黄色。时尚性感的图案，一下子将空间的格调带入到现代时尚的艺术氛围中。

无尽迷宫

品牌：Quadrille

材质：亚麻、棉

在空间的点缀搭配上，设计师选择了Quadrille的小型几何图案，这种弯曲变化的几何图案充满了现代气息，而色彩上也采用了马卡龙色中的绿色与粉色。

迷宫

品牌：Quadrille

材质：亚麻、棉

在白色沙发上进行点缀的小型迷宫图案是来自Quadrille的棉麻布料。蜿蜒无尽的迷宫道路给人带来魔幻的感觉，充满现代气息。它和另一款绿色的迷宫图案达到异曲同工的效果。

蓝色光年 *Blue Light-year*

　　深邃的蓝色凝聚着迷失的情绪，时间的空白也被填满。从遥远的时空回望，如同迷宫一样的路径，美妙而又让人彷徨。当时间扭曲成一条条彩色的线条，空间开始变得模糊不清。而这个书房采用了蓝白的基础配色，因为几何图案和现代抽象挂画的加入，将人的思绪带入到时空的交错中。

阿加格子

品牌：Quadrille

材质：亚麻

书房以蓝色作为基调，蓝白配色作为基础配色。一对扶手椅采用了 Quadrille 的亚麻包布，图案是抽象的几何线条，如迷宫般错落交织在一起，充满了现代和时尚的感觉，成为空间的醒目焦点。

蜿蜒

品牌：Quadrille

材质：亚麻、棉

空间的点缀布料都使用了蓝白配色，不同的是分别采用了几何和花卉两种图案。这款蓝白相间的折纹宛若手绘出来一样，充满了艺术趣味。

米色

品牌：Quadrille

材质：亚麻、棉

在蓝白配色的基础上，书房的窗帘使用了 Quadrille 的棉麻材质布料。窗帘没有使用常规的白色，而是用了温暖、柔和的米色，看起来更为温馨、舒适。

波塔拉

品牌：Quadrille

材质：亚麻、棉

同样是来自 Quadrille 的棉麻布料，这款布采用了截然不同的花卉图案，相比几何图案的规则性，其花卉更为柔美且富于变化，可以作为空间视觉的补充。

橙色代表高贵，也代表热情与收获。当空间使用爱马仕橙作为基础色时，注定将是不平凡的感受。它与白色是最经典的搭配，素雅和宁静在热情中静静流淌。而粉红色的点缀赋予了空间层次感，最后富有艺术气质的斑马纹和古典的几何图案将人带到海滩度假的轻松愉悦中。

斑马纹

品牌：Schumacher

材质：腈纶

　　橙色空间中的沙发包布使用了来自Schumacher的斑马纹印花图案。这款快乐的图案采用了斑马条纹设计，灵感来自复古的纺织品，利用斜纹印花，经久耐用。而橙色的条纹呼应了空间墙面的色彩。

活力橙

品牌：Lee Jofa

材质：棉、人造丝

　　客厅的扶手椅使用与墙面颜色同色系的活力橙色。这是一款来自Lee Jofa的布料。大胆的橙色呼应了空间的主题，强化了橙色在空间中的重要性，增添了优雅和活泼的家居气氛。

粉红色

品牌：Lee Jofa

材质：棉、人造丝

　　在斑马纹的沙发上，使用了粉红色的靠包作为点缀，以此来平衡比较繁复的图案。而粉红色具有传染性，它可以向空间传递优雅、浪漫与温柔的感觉。

南方公园 *South Park*

　　白色与绿色的搭配，带来清新而自然的气息。而艺术家们不甘于这样的感觉，借助 Bob Collins & Sons 的绿色布艺上的艺术图案将神奇的南亚世界呈现在空间中，超越时空的艺术将这间书房变成了一处世外桃源。

永恒绿洲

品牌：Bob Collins & Sons

材质：亚麻、棉

　　Bob Collins & Sons这款棉麻面料充满了神奇的南亚风情，它以壁布和罗马帘的形式，将整个空间包裹。而白色的木作与之搭配，呈现出纯净而飘逸的效果。

冰咖啡色

品牌：PINDLER

材质：棉、化纤

　　靠墙的多人沙发采用了冰咖啡色的包布，这款面料质感很强，色彩沉稳，在相对轻飘飘的空间里，使用冰咖啡色可以让空间层次感更强，而且可以平衡冷暖色调。

蓝色毕加索 *Blue Picasso*

　　神奇的毕加索带来神秘的蓝调。立体主义分崩离析后又重新组合，带来不一样的视觉享受。当毕加索的魔幻线条在空间中游走，红色、蓝色、黄色在空间中巧妙搭配，我们看到空间获得了新的生命，变得时尚而艺术。

柠檬黄

品牌：Brunschwig & Fils

材质：丝

这间客厅有许多让人想不到的地方。首先是蓝色的墙面，并非墙漆的效果，而是使用了Lee Jofa的蓝色缎面壁布进行装饰，使墙面显得极其华丽。而Brunschwig & Fils的柠檬黄绸缎用于窗帘，恰好与蓝色墙面形成互补色，看上去极具戏剧效果。

条纹

品牌：C & C Milano

材质：亚麻

在客厅里，毕加索的画作悬挂在使用拉夫劳伦面料的定制沙发上方。安装在天花板上的蚊子雕塑是20世纪40年代的作品。客厅的单人沙发采用C & C Milano的条纹亚麻布进行装饰，红白的配色与空间其他色彩呼应。

罂粟红

品牌：C & C Milano

材质：丝绒

在这座奇异多彩的房子里，罂粟红丝绒面料的椅子搭配红色的台灯，与空间的绿色形成互补。而空间中的地毯不仅为房间带来了另一种优质的色彩和图案，还让空间感觉更加亲密和诱人，衬托得红色更为迷人。

极光 *Aurora*

　　浪漫的极光在世界最寒冷的尽头出现，变换的色彩、美妙的光线，一切都显示着造物主的伟大。而在温暖的居室内，实木装饰的墙面带给人自然的气息，充满现代主义情调的家居设计、变换的色彩和壮观的雪弗龙纹仿佛游动的极光，既使空间看起来高挑空旷，又有着浪漫的时尚气息。

雪弗龙纹

品牌：Brunschwig & Fils

材质：<u>丝</u>

　　在这个高挑的空间里，高大的墙面全部用木作装饰，温暖的原木色彩搭配了蓝色雪弗龙纹的窗帘，一垂到底。这款来自Brunschwig & Fils的丝绸面料优雅、华丽，其高贵、冷静的色彩成为空间的基调。

海蓝色

品牌：Rogers & Goffigon

材质：羊毛

　　定制的沙发使这间客厅的座位容量倍增，而沙发采用了Rogers & Goffigon的海蓝色羊毛。它增强了沙发的品质，又从色彩上和窗帘、地毯的颜色呼应。

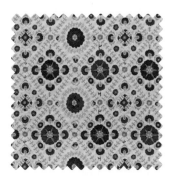

艾拉格子

品牌：Lee Jofa

材质：亚麻、棉、聚酯纤维

　　客厅的单人沙发和靠包使用了Lee Jofa的艾拉格子图案。和整体空间的冷色调相对，这款面料使用了红色花卉的图案，并用格子作为分割，看起来更为有序。它很好地平衡着空间的冷暖色调，同时，醒目的图案和色彩让它成为瞩目的焦点。

斑马纹

品牌：Brunschwig & Fils

材质：亚麻

　　空间扶手椅的坐垫采用了黄色斑马纹图案，这款面料是全亚麻材质，纹路细密精致，点缀性的使用为空间增添了更多变化和趣味。

名流派对 *The Party of Celebrity*

在金钱与欲望交织的曼哈顿，一个色彩缤纷的公寓内，一场跨世纪的派对正在举行。它是古典与现代的交织，复古的沙发被奢华的天鹅绒包裹，而20世纪70年代的现代单椅同样用天鹅绒制成。大胆的色彩碰撞、夸张的几何纹样，以及充满想象力的壁纸，都在将派对推向高潮。

拉菲草

品牌：Zak + Fox

材质：亚麻

客厅的窗帘使用了Zak + Fox的亚麻面料，拉菲草的图案是对荒野的怀念。无限制夸张的笔触是向法国野兽派画家马蒂斯的致敬。

深紫红色

品牌：Cowtan & Tout

材质：天鹅绒

在这座色彩缤纷的空间里，复古的Milo Baughman沙发采用Cowtan & Tout天鹅绒制成。这款紫红色的沙发显得格外醒目，相比于拉菲草的窗帘以及抽象图案的壁纸，它的整体性更强，可以防止空间过于碎片化。

绿洲色

品牌：Cowtan & Tout

材质：天鹅绒

一对20世纪70年代的单人沙发采用Cowtan & Tout绿洲色天鹅绒制成。这款绿色面料也是窗帘色彩的延伸，彼此成为一个整体。

冷雨都市 *Cold Wet City*

    曾经的纽约都市在潦草的线条勾勒中变得孤独而阴郁。仿佛冷雨中的城市，空旷无人，空气中充满了丝丝寒意。在简约的家居中，引入现代的设计符号，搭配线条简约的古典家具，产生优雅而时尚的家居感受。

工业都市

品牌：Pierre Frey

材质：纯棉

空间中使用的唯一的风景图案面料，它采用了木炭素描的笔触，成功地勾勒出纽约大都市的建筑以及上面的小型水塔。极具现代风格，成为空间的焦点。

青铜色

品牌：Schumacher

材质：亚麻

简约的卧室空间中没有过多的陈设，也没有鲜亮的色彩。但是它却通过面料的品质感和充满艺术感的图案，让空间充满现代优雅的气质。淡淡的蓝色墙面搭配青铜色布艺的床裙——这是一款精美的亚麻面料，具有柔软的手感和清爽的表面。而床头板也选择了类似色彩的布艺。

中世纪归来 *Return of the Middle Ages*

  20世纪50年代，现代主义的流行让家居形态有了很大的变化——简约的线条、黑白灰的运用，加入少量鲜艳色调。在家具和硬装上使用减法，而在布艺软装上使用加法，大量运用了高档、精致的材料，为空间带来时尚、轻奢的感受。

中国红

品牌：Lelievre

材质：天鹅绒

　　这间客厅中有一对20世纪50年代的由Melchiorre Bega设计的座椅，采用了Lelievre的红色天鹅绒面料。这是一款奢华的色织天鹅绒，耐摩擦，同时，柔软顺滑的手感使其成为室内装潢的理想选择。

米克诺斯蓝

品牌：Lelievre

材质：纯棉

　　这个空间中的布艺没有使用图案进行装饰，而以色彩和材质进行搭配。这款略带质感的纯棉面料使用了激动人心的米克诺斯蓝，用在单椅包布上十分柔软、舒适，带来自然、优雅的气息。

白鹭色

品牌：Lelievre

材质：化纤

　　空间的窗帘使用了略带黄色的白鹭色，这种颜色与白色很接近，但是又带有温暖的黄色相。它用在白色墙面的空间中，既协调又温馨，还可以和任何颜色搭配。

午夜薰衣草 *Midnight Lavender*

在迷人的普罗旺斯，你的视野会被连绵无边的紫色薰衣草占据。这种象征爱情的植物，是对爱的承诺与等待。对爱情和浪漫的向往让空间充满了紫色。墙面使用了高光的紫色涂料，宛若午夜的薰衣草在月光下幽幽绽放、暗香浮动，似恋人耳鬓厮磨，浪漫满怀。

帕利努罗

品牌：Etro

材质：天鹅绒

在浅棕色的地毯上，靠墙摆放的沙发使用了来自Etro的帕利努罗天鹅绒面料，这款深棕色的条纹天鹅绒和下面的黄麻地毯形成了很好的色彩搭配和材质对比，让空间在紫色的背景下变得沉稳而绅士。

甜蜜旋涡

品牌：Quadrille

材质：亚麻、棉

空间除了紫色的背景以及绚丽的挂画夺人眼球之外，在其他的配色上则趋于保守，黑色、白色以及银色成为主要搭配色彩。而这款来自Quadrille的棉麻材质使用了抽象的几何图案，它被用在扶手椅上，具有强烈的现代感。

豹纹

品牌：Lee Jofa

材质：天鹅绒

空间的主人喜欢紫色调，他在空间的墙壁上涂上了有光泽的紫罗兰色，顶棚则是闪闪发光的银色。而沙发前面摆放的两个豹纹天鹅绒印花凳显得格外经典，在与抽象挂画的共同作用下，让空间显得更加现代。

白夜行 *Black and White*

　　黑白灰构成迷人的现代风格。白色成为空间的基础色调，而黑色在空间中蜿蜒游走，起到勾勒的作用，使空间形成强烈的黑白对比。几何图案与伊卡特图案的运用，既让空间充满线条变化，又增添了神秘的异域风情。

伊卡特岛屿

品牌：Quadrille

材质：亚麻、棉

在这个纯粹黑白灰的空间里，你并不会感到单调和眩晕。因为它采用了美妙的伊卡特图案，这款黑白配色的岛型图案神秘而有趣。它用在多人沙发的包布上，奠定了空间奇妙的调性。

戈里凡回纹

品牌：Quadrille

材质：亚麻、棉

空间的靠包和扶手椅使用了这款有趣的几何图案，它极具现代感，渐变的黑、白、灰色彩，以及有趣的图案非常适合用于体现现代感的空间。

亮白色

品牌：Dedar

材质：化纤

空间的窗帘使用亮白色布艺搭配黑色滚边。黑白的强烈对比，让空间显得更加现代、简约。

几何空间 *Geometric Space*

男孩房的卧室设计采用经典的蓝白配色，传承了经典的沿海风情，清爽而自然。同时，条纹与格纹图案的搭配使用让空间看起来更为现代，也更为男性化。变化复杂的几何图案搭配在一起，也带给儿童更多的想象空间。

红蓝条纹

品牌：John Robshaw

材质：亚麻

这间儿童房的设计非常有趣，布料全部采用格纹和条纹图案。色彩也基本以红、蓝、白为主。其中，最为瞩目的要属这款来自John Robshaw的亚麻条纹布艺。它在空间中的使用面积最大，包括罗马帘、床头板以及床边的装饰，也为空间风格打下基调。

蓝白格纹

品牌：Serena & Lily

材质：纯棉

床品使用了来自Serena & Lily的纯棉面料，精致的蓝白格纹既体现了男孩房的特质，又显得纯净、优雅。

棋盘格

品牌：Schumacher

材质：纯棉

作为卧室中的装饰墩椅，采用了Schumacher的纯棉布料，以红白格子的形式增添了空间的趣味性，而醒目的红色丰富了空间的层次感。

都市现代美学 *Modern Aesthetics of Urban Life*

　　这套位于曼哈顿的时尚公寓将都市风范与艺术美学充分结合，释放出奢华、雅致、现代的绝妙魅力，无论是充满戏剧张力的色调碰撞还是华丽的现代材质及面料的大胆运用，都展现出独特、新颖的趣味性。从玄关到客厅，灰蓝色纹理壁纸与金属装饰构建出视线落点与设计主题，黑白色开放式厨房嵌于其中，平衡着视觉空间的同时也彰显出现代的风范。

深青色

品牌：Schumacher

材质：纯棉

　　客厅的陈设充分地展现了现代艺术之美。家具采用了现代材质和流线造型，简洁、流畅的线条和让人惊讶的现代材质增添了空间的丰富与美妙感。而在用料上，多人沙发使用了来自Schumacher的纯棉面料，优雅、高冷的深青色与背景色形成对比，给空间带来高冷的感受。

橙黄色

品牌：Schumacher

材质：亚麻

　　空间的窗帘使用了Schumacher的亚麻材质，充满质感的橙黄色在冷色调的背景下和地毯一同为空间带来温暖的感受。

象牙白

品牌：Schumacher

材质：羊毛、亚麻

　　这是一款极具质感的面料，羊毛与亚麻的混合让它无论在质感还是触感上都显得高贵奢华。它被用在了扶手椅上，虽然是低调百搭的象牙色，但是自身的品质感处处彰显着现代魅力。

第四章 家居布艺索引

CHAPTER IV
FABRIC SWATCHES

本书中一共出现了 312 块精美的家居布样，涵盖了 9 类主题，从堪称时尚艺术的风景图案，到优雅的花卉植物，再到现代的几何图案。这些神奇的布样通过彼此间的搭配组合，形成了各种风格的家居设计。梦想照进现实，布艺成就梦想，那种柔软、舒适的居住体验，带给人们的是诗意般的栖居。

伊甸园
Chelsea Textiles | 品牌
亚麻、棉
窗帘、靠包
p.015

洛克比森林
Chelsea Textiles | 品牌
亚麻、棉
窗帘、靠包
p.015

蜀葵
Schumacher | 品牌
纯棉
窗帘、靠包
p.017、p.137

蜀葵
Bennison | 品牌
亚麻、棉
窗帘、靠包
p.017

鹿园
Chelsea Textiles | 品牌
亚麻、棉
窗帘、靠包
p.021

孔雀花园
Schumacher | 品牌
丝
窗帘、靠包
p.023

塞拉菲娜
Designers Guild | 品牌
亚麻
窗帘、靠包
p.053

温室花朵
Schumacher | 品牌
亚麻
窗帘、靠包
p.072

蕨类植物
Brunschwig & Fils | 品牌
亚麻、棉
窗帘、靠包、沙发
p.075

青藤
Bennison | 品牌
亚麻
窗帘、靠包、沙发
p.251

无花果叶
Peter Dunham | 品牌
亚麻
窗帘、靠包、沙发
p.079

银杏之舞
Sarah Richardson | 品牌
亚麻
窗帘、靠包
p.123

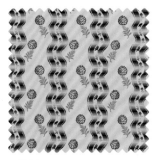

松果
Le Manach | 品牌
棉、亚麻
窗帘、靠包、沙发
p.127

蒙梭公园
Schumacher | 品牌
化纤、丝、棉
窗帘、靠包
p.133

情花
Bloomsbury | 品牌
纯棉
床品、靠包
p.086

中亚花卉
Quadrille | 品牌
亚麻、棉
窗帘、靠包、沙发
p.080

威尼托
Quadrille | 品牌
亚麻
窗帘、靠包、沙发
p.083

约瑟琳
Brunschwig & Fils | 品牌
亚麻、棉
靠包、沙发
p.085

邂逅

Colefax & Fowler | 品牌
纯棉
靠包、沙发
p.089

波利尼西亚

Lee Jofa | 品牌
纯棉
靠包、沙发
p.090

特拉沃尼大马士革花卉

Thibaut | 品牌
亚麻、棉
靠包、窗帘
p.093

珍珠岩

GP & J Baker | 品牌
亚麻
靠包、窗帘
p.095

生命之树

Braquenié | 品牌
纯棉
靠包、窗帘
p.101

窗外风景

Josef Frank | 品牌
亚麻
靠包、窗帘、沙发
p.109

迪克西兰

Josef Frank | 品牌
亚麻
靠包、窗帘、沙发
p.109

克什米尔花卉

Raoul Textiles | 品牌
亚麻
靠包、窗帘、沙发
p.111

朗本之花

Cowtan & Tout | 品牌
亚麻、尼龙
靠包、沙发
p.059

花卉植物图案　*FLOWERS AND FOLIAGE*

奇马罗萨
Fortuny | 品牌
埃及棉
靠包
p.145

安娜大马士革纹
Schumacher | 品牌
亚麻
窗帘、靠包
p.149

生命树
Pierre Frey | 品牌
纯棉
靠包、沙发、窗帘
p.107

苏萨尼花卉
Robert Kime | 品牌
亚麻
靠包、沙发
p.151

分枝
Kravet | 品牌
亚麻
靠包、靠包
p.161

莫卧儿花
Nicola Lawrence | 品牌
亚麻
沙发、靠包
p.162

摩洛哥橄榄
Elizabeth Eakins | 品牌
亚麻
靠包、沙发
p.165

斋浦尔印花
Raoul Textiles | 品牌
亚麻
靠包、窗帘、床头板
p.165

花溪
Colefax & Fowler | 品牌
亚麻
靠包、窗帘、床头板
p.173

斯坦顿花卉
Willow Fabric | 品牌
亚麻、粘胶纤维
靠包、沙发
p.175

果树
Jobs Handtryc | 品牌
亚麻
靠包、沙发
p.179

繁茂之地
Brunschwig & Fils | 品牌
棉、亚麻
靠包、沙发
p.235

无花果
Raoul Textiles | 品牌
亚麻
靠包、沙发
p.241

塔什干蜀葵
Robert Kime | 品牌
丝
靠包、沙发
p.241

帕兰波雷花卉
Scalamandré | 品牌
亚麻、粘胶纤维
床头板、沙发、靠包
p.209

波塔拉
Quadrille | 品牌
亚麻、棉
靠包、窗帘
p.259

拉菲草
Zak + Fox | 品牌
亚麻
靠包、窗帘
p.269

莱拉花卉
Kravet | 品牌
纯棉
靠包、窗帘
p.185

萨克鲁花卉
Kravet | 品牌
亚麻
沙发、靠包、窗帘
p.248

吕塞特印花
Schumacher | 品牌
亚麻
靠包、窗帘
p.248

礼物
Robert Kime | 品牌
亚麻
靠包、沙发
p.116

金藤
Chelsea Editions | 品牌
亚麻、棉
窗帘、床头板、沙发
p.116

菊苣
Robert Kime | 品牌
亚麻
靠包、沙发
p.155

红色康乃馨
Robert Kime | 品牌
丝、棉
窗帘、靠包
p.155

侯爵之花
Pierre Frey | 品牌
纯棉
靠包、沙发
p.157

大马士革花纹
Schumacher | 品牌
亚麻
窗帘、靠包
p.213

生命之树
Martyn Lawrence Bullard | 品牌
聚酯纤维
床幔、靠包
p.253

飞叶
Kit Kemp | 品牌
亚麻
靠包、沙发
p.215

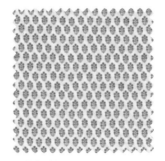

德文希尔
Jasper | 品牌
亚麻
靠包、沙发
p.217

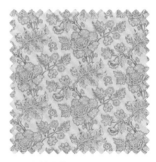

夏洛特女郎
Bennison | 品牌
亚麻、棉
靠包、沙发、床头板
p.097

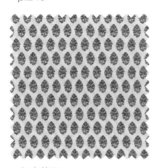

印度花园
Jasper | 品牌
化纤
靠包
p.097

雷米花卉
Jasper | 品牌
亚麻
靠包、沙发
p.221

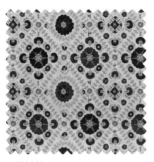

勿忘我
Chelsea Textiles | 品牌
亚麻、棉
窗帘、靠包
p.027

瓦雷泽花卉
Kravet | 品牌
亚麻
靠包、窗帘、床头板
p.027

艾拉格子
Lee Jofa | 品牌
亚麻、棉、聚酯纤维
沙发、靠包
p.267

佩斯利纹　*PAISLEYS*

阿巴扎
Schumacher | 品牌
丝、棉
窗帘、靠包
p.023

佩斯利鹦鹉
Soane | 品牌
棉、亚麻
窗帘、靠包
p.135

伊斯法罕
Peter Dunham | 品牌
亚麻
窗帘、靠包
p.079

克什米尔佩斯利
Jasper | 品牌
亚麻
沙发、靠包
p.145

克什米尔佩斯利
Peter Dunham | 品牌
亚麻
沙发、靠包
p.167

拉贾布尔
Lee Jofa | 品牌
棉、化纤
沙发、靠包
p.029

皮克费尔佩斯利
Schumacher | 品牌
亚麻
窗帘、靠包
p.029

动物图案　*ANIMALS AND INSECTS*

穿云
Carleton V | 品牌
亚麻
窗帘、靠包
p.005

象园
Kravet | 品牌
亚麻、粘胶纤维
窗帘、靠包、沙发
p.007

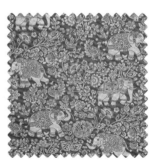

英迪拉花园
ILIV | 品牌
纯棉
窗帘、靠包
p.007

吉卜林
Lulu DK | 品牌
亚麻
窗帘、靠包
p.021

雀之舞
Lulu DK | 品牌
亚麻
沙发、靠包
p.169

山丘
Schumacher | 品牌
亚麻
沙发、靠包
p.031

野鸡
F&P Interiors | 品牌
亚麻、棉
沙发、靠包、窗帘
p.031

风景图案 *SCENICS AND TOILES*

禅宗花园
Fabrics and Papers | 品牌
亚麻、棉、尼龙
窗帘、靠包、沙发
p.003

南京
Schumacher | 品牌
亚麻
窗帘、靠包、沙发
p.003、p.191

南海故事
Thibaut | 品牌
亚麻、棉
窗帘、靠包、沙发
p.004

乐活东方
Schumacher | 品牌
亚麻、棉
窗帘、靠包、沙发
p.004

清迈龙
Schumacher | 品牌
亚麻
窗帘、靠包
p.005、p.099

珍珠河
Schumacher | 品牌
亚麻
窗帘、靠包
p.006

京都花园
VOYAGE | 品牌
亚麻、粘胶纤维
窗帘、靠包、沙发
p.006

狩猎场
Bel Évent | 品牌
亚麻
窗帘、靠包
p.010

朱伊花园
Lee Jofa | 品牌
亚麻、棉
窗帘、靠包、沙发
p.009

风景图案　*SCENICS AND TOILES*

乡村情调
F&P Interiors | 品牌
亚麻、棉
窗帘、靠包、沙发
p.009

新大陆
Schumacher | 品牌
亚麻
窗帘、靠包
p.129

忘忧湖
Brunschwig & Fils | 品牌
亚麻
靠包、沙发
p.055

隐居
Kravet | 品牌
纯棉
靠包、沙发
p.139

御花园
Thibaut | 品牌
亚麻、棉、化纤
靠包、窗帘
p.093

苏丹
Quadrille | 品牌
亚麻
窗帘、靠包、沙发
p.057

田园牧歌
Thibaut | 品牌
亚麻、棉
靠包、窗帘
p.061

伊斯梅利亚
Pierre Frey | 品牌
纯棉
靠包、沙发
p.227

丝绸之路
Carleton V | 品牌
纯棉
靠包、沙发
p.239

东方乐园
Quadrille | 品牌
亚麻、棉
窗帘、靠包
p.192

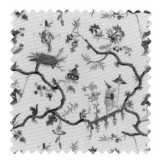

洛可可之趣
Le Manach | 品牌
纯棉
沙发、靠包
p.211

永恒绿洲
Bob Collins & Sons | 品牌
亚麻、棉
窗帘、靠包
p.263

工业都市
Pierre Frey | 品牌
纯棉
窗帘、靠包
p.271

乐上枝头
Duralee | 品牌
纯棉
窗帘、靠包
p.153

中国灯笼
Lee Jofa | 品牌
亚麻
窗帘、靠包
p.217

天堂花园
Bailey & Griffin | 品牌
亚麻
窗帘、靠包、沙发
p.033

中国之行
Cowtan & Tout | 品牌
纯棉
沙发、靠包
p.033

蒙古乡村
Thibaut | 品牌
纯棉
窗帘、靠包
p.011

格纹 *PLAIDS AND CHECKS*

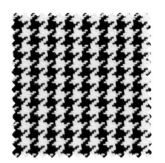

梦幻千鸟格
拉夫劳伦 | 品牌
棉、化纤
窗帘、靠包、沙发
p.019

圣马克
Schumacher | 品牌
亚麻、棉
窗帘、靠包、沙发
p.019

棋盘格
Schumacher | 品牌
纯棉
窗帘、靠包、沙发
p.072、p.278

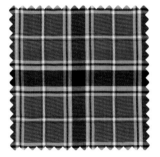

亚历山大格子呢
Schumacher | 品牌
亚麻、羊绒
靠包、沙发
p.035、p.129

卡拉瓦千鸟格
拉夫劳伦 | 品牌
棉、化纤
靠包、沙发
p.135

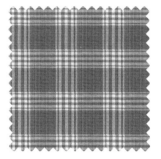

基础格纹
Kravet | 品牌
纯棉
靠包、沙发
p.059

井格
Sarah Richardson | 品牌
纯棉
靠包
p.061

鸭绒格子
拉夫劳伦 | 品牌
亚麻、棉
沙发、靠包
p.063

霍索恩格子
拉夫劳伦 | 品牌
羊毛、化纤
沙发、靠包
p.167

格纹 *PLAIDS AND CHECKS*

本德洛克格纹
Rogers & Goffigon | 品牌
羊毛
沙发、靠包、榻几
p.227

可可花呢
NOBILIS | 品牌
棉、化纤
沙发
p.229

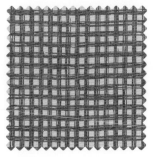

友禅
Brunschwig & Fils | 品牌
亚麻
靠包、沙发、窗帘
p.035

蓝白格纹
Serena & Lily | 品牌
纯棉
床品、靠包
p.278

条纹　*STRIPES*

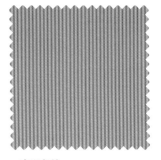

皮平条纹
Cowtan & Tout | 品牌
纯棉
窗帘、靠包、沙发
p.053

桑给巴尔条纹
Peter Dunham | 品牌
亚麻
窗帘、靠包
p.079

条纹
Scalamandré | 品牌
人造丝、聚酯纤维
床头板
p.101

阿斯顿条纹
Scalamandré | 品牌
丝、棉
靠包
p.141

猫步
Lulu DK | 品牌
亚麻、棉
帷幔、靠包、沙发
p.139

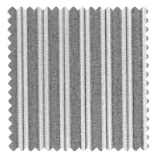

肯特条纹
Scalamandré | 品牌
棉、化纤
靠包、沙发
p.095

基础条纹
Kravet | 品牌
亚麻
靠包、沙发
p.146

本尼森条纹
Bennison | 品牌
亚麻、棉
靠包、窗帘
p.151

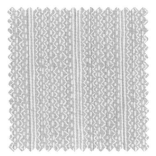

安格丽娜
Peter Fasano | 品牌
纯棉
靠包、沙发
p.162

条纹 *STRIPES*

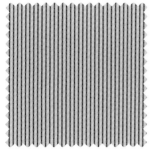

纤细条纹
Kravet | 品牌
化纤
靠包、沙发
p.189

拉塔普兰
Dedar | 品牌
亚麻
窗帘、靠包
p.223

托斯卡纳
Lulu DK | 品牌
化纤
窗帘
p.229

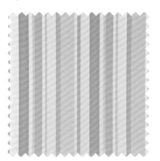

影子条纹
Lee Jofa | 品牌
亚麻
靠包、窗帘
p.235

紧密条纹
Robert Kime | 品牌
亚麻
靠包、沙发
p.241

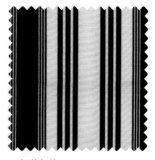

车道条纹
Quadrille | 品牌
亚麻、棉
窗帘、靠包、沙发
p.243

藜芦
Brunschwig & Fils | 品牌
棉、亚麻
靠包、沙发、窗帘
p.245

兰贾尼
Kravet | 品牌
亚麻
靠包、沙发
p.245

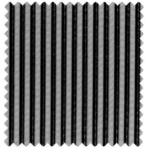

精致条纹
F&P Interiors | 品牌
亚麻、丝、化纤
靠包、窗帘
p.203

条纹 *STRIPES*

条纹
C & C Milano | 品牌
亚麻
靠包、沙发
p.251、p.265

帕利努罗
Etro | 品牌
天鹅绒
沙发、靠包
p.274

红蓝条纹
John Robshaw | 品牌
亚麻
窗帘、床头板、靠包
p.037、p.278

浅细条纹
C & C Milano | 品牌
亚麻
窗帘、靠包
p.067

雨点条纹
MK Collection | 品牌
亚麻
靠包、沙发
p.157

多贡条纹
Jasper | 品牌
亚麻、棉
靠包、沙发
p.253

金尼卡特花卉
Sister Parish | 品牌
棉、亚麻
靠包、沙发
p.217

云纹
Brunschwig & Fils | 品牌
亚麻、粘胶纤维
靠包、窗帘
p.169

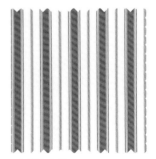

布兰卡条纹
Lynn Chalk | 品牌
纯棉
靠包、沙发
p.037

几何抽象图案 *STYLIZED GEOMETRICS*

卡特琳娜
Lee Jofa | 品牌
亚麻、化纤
窗帘、靠包、沙发
p.013、p.085

西格尼
Quadrille | 品牌
亚麻、棉
窗帘、靠包、沙发
p.013、p.191

女王钥匙
Thibaut | 品牌
化纤、棉
窗帘、靠包
p.049

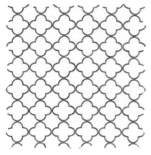

摩洛哥纹
Thibaut | 品牌
亚麻、化纤
窗帘、靠包
p.049

棕榈滩
Schumacher | 品牌
亚麻、化纤
窗帘、靠包、沙发
p.050

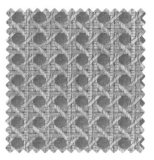

蒙特雷
Kravet | 品牌
化纤、亚麻、棉
窗帘、靠包、沙发
p.075

彼得拉齐
Peter Dunham | 品牌
亚麻
窗帘、靠包
p.079

尚蒂伊
Schumacher | 品牌
亚麻、化纤
沙发、靠包
p.133

抽象珊瑚
Vaughan | 品牌
亚麻
沙发、靠包
p.135

露露彩虹
Lulu DK | 品牌
纯棉
窗帘、靠包
p.137

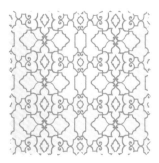

奥格登克刺绣
Thibaut | 品牌
粘胶纤维
窗帘、靠包
p.093

蜻蜓
Quadrille | 品牌
亚麻、棉
窗帘、靠包、沙发
p.080、p.259

小折纹
Quadrille | 品牌
亚麻、棉
窗帘、靠包、沙发
p.080

阿德拉斯伊卡特
Schumacher | 品牌
纯棉
窗帘、靠包
p.099

曲折迷宫
CR LAINE | 品牌
腈纶
沙发、靠包
p.099

迷宫
Quadrille | 品牌
亚麻、棉
窗帘、靠包
p.102、p.257

孔雀
Schumacher | 品牌
腈纶
沙发、靠包
p.105

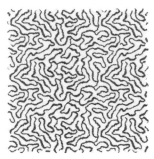

珊瑚
Schumacher | 品牌
亚麻、化纤
沙发、靠包
p.057

几何抽象图案　*STYLIZED GEOMETRICS*

星海
Thibaut | 品牌
亚麻、棉
窗帘、靠包
p.061

日高河
Zak + Fox | 品牌
亚麻、棉
窗帘、靠包
p.141

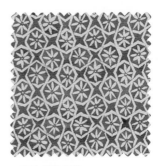

安达卢兹之花
Carolina Irving Textiles | 品牌
亚麻
沙发、靠包
p.146

孟加拉市集
Lee Jofa | 品牌
亚麻
沙发、靠包
p.146

伊卡特条纹
Sarah Richardson | 品牌
纯棉
沙发、靠包
p.161

尖峰模式
Sarah Richardson | 品牌
纯棉
窗帘、靠包
p.161

马拉喀什纹样
Carleton V | 品牌
丝
床头板、靠包
p.217

镜湖
Lulu DK | 品牌
亚麻
窗帘、靠包
p.169

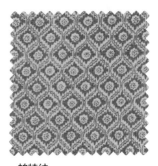

帕特纳
Elizabeth Eakins | 品牌
亚麻
靠包、沙发
p.173

塞尔比
Thibaut | 品牌
化纤
靠包、沙发、榻几
p.175

经典巴杰罗纹
Jonathan Adler | 品牌
羊毛
靠包
p.177

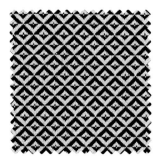

杰米森几何纹
Schumacher | 品牌
亚麻、棉
窗帘、靠包
p.177

伊卡特纹
Kravet | 品牌
人造丝、聚酯纤维
窗帘、靠包
p.181

多彩雪弗龙
Lee Jofa | 品牌
亚麻、人造丝
沙发、靠包
p.181

伊卡特纹
Dedar | 品牌
亚麻、棉
沙发、靠包
p.189

佛罗伦萨几何纹
Lee Jofa | 品牌
亚麻、棉
床头板、靠包、沙发
p.221

小型人字纹
SAHCO | 品牌
棉、涤纶
靠包、沙发
p.229

天井
Lee Industries | 品牌
聚酯纤维、亚麻、粘胶纤维
靠包、沙发
p.191

几何抽象图案　*STYLIZED GEOMETRICS*

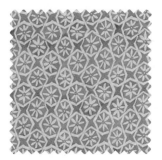

安达卢西亚
Carolina Irving Textiles | 品牌
亚麻
沙发、靠包
p.235

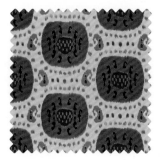

萨马尔罕
Brunschwig & Fils | 品牌
棉、亚麻
靠包、窗帘
p.236

日和图案
Carleton V | 品牌
亚麻
靠包、窗帘
p.239

杜帕塔
Raoul Textiles | 品牌
亚麻、棉
靠包、沙发
p.241

蒙特西托
Quadrille | 品牌
亚麻、棉
窗帘、靠包
p.192

多元世界
Kravet | 品牌
纯棉
靠包
p.245

现代围墙
Lee Jofa | 品牌
棉、亚麻
靠包、沙发
p.197

卡洛
Quadrille | 品牌
亚麻
沙发、靠包
p.199

雪弗龙纹
Brunschwig & Fils | 品牌
丝
窗帘、靠包
p.199、p.267

摩尔纹瓷砖
Designers Guild | 品牌
亚麻
靠包、窗帘、床头板
p.203

阿兹台克
Bennison | 品牌
亚麻、棉
靠包、窗帘、床头板
p.205

萨拉纳刺绣
Schumacher | 品牌
亚麻、棉、化纤
靠包、窗帘、床头板
p.207

西莉亚纹
Romo | 品牌
粘胶纤维、棉
靠包、窗帘、沙发
p.209

无尽迷宫
Quadrille | 品牌
亚麻、棉
靠包、窗帘
p.257

阿加格子
Quadrille | 品牌
亚麻
沙发、靠包、窗帘
p.259

甜蜜旋涡
Quadrille | 品牌
亚麻、棉
沙发、靠包
p.274

云纹
Kravet | 品牌
纯棉
窗帘、靠包
p.185

瑞克之字纹
Kit Kemp | 品牌
亚麻
靠包、窗帘
p.209

特洛伊网格
Thibaut | 品牌
纯棉
沙发、靠包
p.185

圣托里尼
Schumacher | 品牌
化纤
窗帘、靠包
p.065

哈萨克
Quadrille | 品牌
丝
靠包、窗帘
p.065

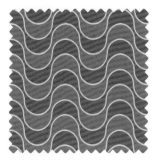

生命之舞
Kravet | 品牌
化纤
沙发、靠包
p.113

索非亚钻石
Schumacher | 品牌
亚麻、棉
沙发、靠包
p.213

达德利纹
Schumacher | 品牌
纯棉
靠包
p.213

喀拉拉纹
Cowtan & Tout | 品牌
棉、化纤
沙发、靠包
p.215

伊卡特岛屿
Quadrille | 品牌
亚麻、棉
沙发、靠包
p.277

马可波罗
Lee Jofa | 品牌
棉、亚麻
窗帘、靠包
p.230

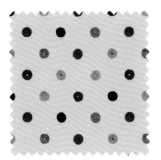

波点
Kravet | 品牌
亚麻、化纤、棉
窗帘、靠包、沙发
p.050

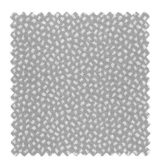

庞戈编织
Thibaut | 品牌
棉、化纤
窗帘、靠包
p.093

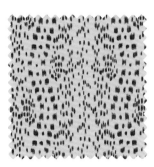

碎雨
Brunschwig & Fils | 品牌
纯棉
沙发、靠包
p.105

舒马赫波点
Schumacher | 品牌
亚麻、棉
窗帘、靠包
p.107

布哈拉纹
Peter Dunham | 品牌
亚麻
窗帘、靠包
p.162

夜空穿越
Andrew Martin | 品牌
亚麻
窗帘、靠包
p.039、p.203

范德堡几何纹
Schumacher | 品牌
天鹅绒
沙发、靠包
p.039

卡帕里编织
Brunschwig & Fils | 品牌
化纤
窗帘、靠包
p.195

戈里凡回纹
Quadrille | 品牌
亚麻、棉
沙发、靠包
p.277

动物纹 *ANIMAL SKINS*

凯蒂豹纹
Sarah Richardson | 品牌
棉、亚麻
桌几、沙发
p.123

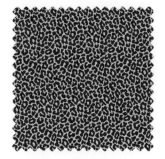

玛德琳·卡斯廷豹纹
Schumacher | 品牌
天鹅绒
靠包、沙发
p.133

虎皮纹
Brunschwig & Fils | 品牌
丝绒
靠包
p.055

豹纹
Scalamandré | 品牌
丝、棉、化纤
靠包、沙发
p.086

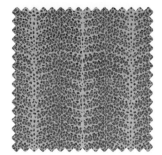

豹纹
Waterhouse | 品牌
亚麻、棉
靠包、沙发
p.145

虎皮纹
Scalamandré | 品牌
丝、棉、化纤
靠包、沙发
p.227

经典豹纹
Schumacher | 品牌
亚麻
沙发、窗帘、靠包
p.257

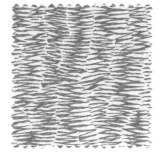

斑马纹
Schumacher | 品牌
腈纶
沙发、靠包
p.260

斑马纹
Brunschwig & Fils、| 品牌
亚麻
沙发、靠包
p.267

动物纹　*ANIMAL SKINS*

豹纹
Lee Jofa | 品牌
天鹅绒
靠包、沙发
p.274

温柔斑马
Brunschwig & Fils | 品牌
亚麻
沙发、靠包
p.113

老虎纹
Schumacher | 品牌
亚麻
靠包
p.041

豹纹
Jim Thompson | 品牌
丝
靠包、窗帘
p.041

珊瑚色
Brunschwig & Fils | 品牌
化纤
窗帘、靠包、沙发
p.050

雨云
Scalamandré | 品牌
丝
窗帘、靠包
p.053

灰绿色
Kravet | 品牌
丝绒
窗帘、靠包、沙发
p.075

冬日白
Lee Jofa | 品牌
化纤
窗帘、靠包、沙发
p.077、p.109、p.111

象牙白
Sarah Richardson | 品牌
化纤
靠包、沙发
p.123

白鹭色
Lee Jofa | 品牌
亚麻
窗帘、靠包
p.123

孔雀蓝
Lee Jofa | 品牌
天鹅绒
靠包、沙发
p.127

奶油色
Lee Jofa | 品牌
亚麻、化纤
窗帘、靠包
p.127

火红色
Lee Jofa | 品牌
丝绒
沙发、靠包
p.129

晚霞色
Lee Jofa | 品牌
纯棉
靠包、沙发
p.129

纳瓦霍黄
Kravet | 品牌
亚麻
窗帘、靠包
p.055、p.145

灰蓝色
Kravet | 品牌
纯棉
窗帘、靠包
p.055

橄榄绿
Savel | 品牌
丝绒
沙发、靠包
p.083、p.089

浅灰蓝
Christian Fischbacher | 品牌
纯棉
窗帘、靠包
p.083

沙色
Fortuny | 品牌
亚麻
沙发、靠包
p.139、p.239

菠菜绿
Scalamandré | 品牌
聚酯纤维
窗帘
p.086

冬日白
Romo | 品牌
化纤、亚麻
沙发、靠包
p.063、p.089

冰川灰
Norbar | 品牌
亚麻、粘胶纤维
窗帘、靠包
p.090

素色暗纹 *SOLIDS AND SUBTLE PATTERNS*

火焰红
Kravet | 品牌
丝绒
靠包
p.095

柔和蓝
CR LAINE | 品牌
化纤
沙发、靠包
p.099

蓝黑色
Schumacher | 品牌
棉、化纤
桌布、靠包
p.102

柠檬绿
Lee Jofa | 品牌
天鹅绒
沙发、靠包
p.105

淡蓝色
Christopher Farr | 品牌
亚麻
沙发、靠包
p.105

藏蓝
Kravet | 品牌
亚麻
窗帘、靠包
p.063

深牛仔蓝
Schumacher | 品牌
亚麻
沙发、靠包
p.057

银色
Holland & Sherry | 品牌
羊毛
沙发、靠包
p.059

白鹭色
Dedar | 品牌
天鹅绒
床幔、靠包
p.061

素色暗纹 *SOLIDS AND SUBTLE PATTERNS*

冰咖啡色
PINDLER | 品牌
棉、化纤
沙发、床头板、靠包
p.141、p.248、p.263

亮白色
Dedar | 品牌
丝、棉
窗帘、靠包
p.141、p.173、p.197、p.236

银色
Schumacher | 品牌
天鹅绒
沙发、靠包
p.149

浅蓝色
Schumacher | 品牌
亚麻
沙发、靠包
p.151

亮白色
Lee Jofa | 品牌
亚麻、棉
沙发、靠包
p.113、p.151

鲨鱼灰
Kravet | 品牌
亚麻
沙发、靠包
p.177

天空灰
Sarah Richardson | 品牌
纯棉
沙发、靠包
p.161

银灰色
Perennials | 品牌
化纤
沙发
p.169

菠菜绿
Schumacher | 品牌
丝绒
沙发、靠包
p.177

素色暗纹 *SOLIDS AND SUBTLE PATTERNS*

垂柳绿
Schumacher | 品牌
棉、粘胶纤维
沙发、靠包
p.179

奶油色
Lee Jofa | 品牌
亚麻
床头板、靠包
p.181

亮白色
Dedar | 品牌
化纤
沙发、靠包、窗帘
p.043、p.0189、p.243、p.277

沙色
Andrew Martin | 品牌
棉、粘胶纤维
床头板
p.223

红褐色
Schumacher | 品牌
天鹅绒
沙发、靠包
p.227

玄黄色
Manuel Canovas | 品牌
亚麻
沙发、靠包
p.236

深蓝色
Kravet | 品牌
丝绒
沙发、靠包
p.245

清池色
Fabricut | 品牌
天鹅绒
沙发、靠包
p.195

冰川灰
Fabricut | 品牌
亚麻
沙发、靠包
p.195

魅影黑
Kravet | 品牌
丝绒
沙发、靠包
p.197

白鹭色
Quadrille | 品牌
亚麻
沙发、靠包
p.199

暗红色
Andrew Martin | 品牌
亚麻、棉、化纤
窗帘、靠包
p.205

紫红色
Kravet | 品牌
棉、丝
窗帘、靠包
p.207

蜂蜜色
Holland & Sherry | 品牌
天鹅绒
窗帘、沙发、靠包
p.211

火红色
Jim Thompson | 品牌
丝
桌布、靠包
p.211

米色
Quadrille | 品牌
亚麻、棉
沙发、靠包
p.259

活力橙
Lee Jofa | 品牌
棉、人造丝
沙发、靠包
p.260

粉红色
Lee Jofa | 品牌
棉、人造丝
沙发、靠包
p.260

素色暗纹 *SOLIDS AND SUBTLE PATTERNS*

柠檬黄
Brunschwig & Fils | 品牌
丝
窗帘
p.265

罂粟红
C & C Milano | 品牌
丝绒
沙发、靠包
p.265

海蓝色
Rogers & Goffigon | 品牌
羊毛
沙发、靠包
p.267

海军蓝
Kravet | 品牌
亚麻
沙发、靠包
p.111

深紫红色
Cowtan & Tout | 品牌
天鹅绒
沙发、靠包
p.269

绿洲色
Cowtan & Tout | 品牌
天鹅绒
沙发、靠包
p.269

青铜色
Schumacher | 品牌
亚麻
床品、靠包
p.271

中国红
Lelievre | 品牌
天鹅绒
沙发、靠包
p.273

米克诺斯蓝
Lelievre | 品牌
纯棉
沙发、靠包
p.273

素色暗纹 *SOLIDS AND SUBTLE PATTERNS*

白鹭色
Lelievre | 品牌
化纤
窗帘、靠包
p.273

鸽子灰
Wayfair | 品牌
聚酯纤维
沙发、靠包
p.185

浅灰蓝
Cowtan & Tout | 品牌
化纤
靠包、沙发
p.067

比斯开湾蓝
Osborne & Little | 品牌
纯棉
靠包
p.067

深青色
Osborne & Little | 品牌
天鹅绒
沙发、靠包
p.069

冰咖啡色
Osborne & Little | 品牌
天鹅绒
沙发、靠包
p.069

亮白色
Kravet | 品牌
亚麻
窗帘
p.069

皇家蓝
Holland & Sherry | 品牌
纯棉
沙发、靠包
p.116

蓝鸟色
Schumacher | 品牌
天鹅绒
沙发、靠包
p.153

热粉红色
Clarke & Clarke | 品牌
棉、化纤
沙发、靠包
p.153

青色
Kravet | 品牌
天鹅绒
沙发、靠包
p.155

红辣椒色
Lee Jofa | 品牌
聚酯纤维
沙发、靠包
p.155

中国红
Kravet | 品牌
天鹅绒
沙发、靠包
p.157

经典绿
Schumacher | 品牌
亚麻
窗帘、靠包
p.157

火红色
Schumacher | 品牌
棉、化纤
沙发、靠包
p.213

橄榄绿
Fortuny | 品牌
羊绒、棉
沙发、靠包
p.230

深青色
Schumacher | 品牌
纯棉
沙发、靠包
p.281

橙黄色
Schumacher | 品牌
亚麻
窗帘、靠包
p.281

素色暗纹 *SOLIDS AND SUBTLE PATTERNS*

象牙白
Schumacher | 品牌
羊毛、亚麻
沙发、靠包
p.281

湖水绿
Kravet | 品牌
雪尼尔
沙发、靠包、榻几
p.251

紫红色
Cowtan & Tout | 品牌
亚麻
窗帘、靠包
p.043